8のテーマで読む水俣病

Takamine Takeshi
高峰 武【編】

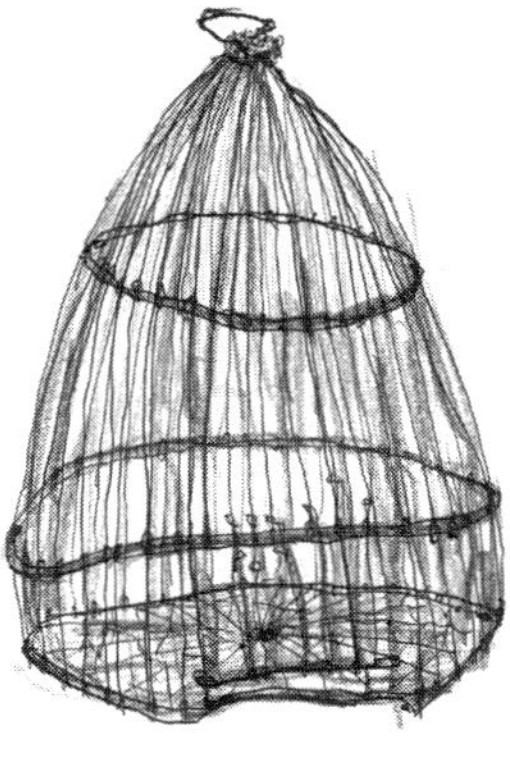

弦書房

装丁＝毛利一枝
カバー・表紙・本扉絵＝亀井創太郎

目次

まえがき

想像力ということを思う。水俣湾、あるいは不知火海の浜辺に立つと、天気のいい日は実におだやかな、鏡のような海が目前に広がっている。今ここで、半世紀以上も前に人々をどん底に突き落とした悲劇が繰り広げられたことを想像することは難しい。しかし例えば、水俣病犠牲者慰霊式が行われる水俣湾の親水護岸のつい目と鼻の先には第一号患者の田中実子さんの家がある。そして今も命を懸命に刻んでいる。一九五六年の公式確認の前後、自らの病気の原因も分からずに亡くなった多くの人たちがいる。何がここであったのか。なぜチッソの排水は止まらなかったのか。その答えを知る手掛かりはまだたくさんある。そのために必要なのは水俣で起きたことをまず知ること、そしてその上に立った想像力を働かせることではないか。人は夜空の星に想像の線を引いて、星座を誕生させた。夜空ではなく、私たちがこれまで歩んできた歴史を踏まえて未来の社会への確かな線を何本か引けないか。

水銀を国際的に管理しようという「水銀に関する水俣条約」が二〇一七年八月、発効した。開発途上国の金採掘現場で水銀の危険性が指摘されながらも、対策は不充分である。無機水銀による健康被害に加え、猛毒で、人へのさまざまな影響が指摘され、人の脳をターゲットとするメチル水銀をめぐって自然界でのメチル化の問題もある。国際社会の関心に比べると、水俣病事件を経験した当の日本人の方が関心が薄いようにも思える。

胎児性をはじめ深刻な被害を生んだ水俣病事件だが、公式確認から六〇年以上経過する今も、未解明のことの方が多い。

二〇一七年の一一月から一二月にかけ、熊本市で初めて開催された「水俣病展２０１７」には若者の姿も目立った。「子どもたちに安全なものを食べさせたい」。そんな思いを語る若い母親がいた。暮らしの側から言えば、水俣病事件は食卓から始まった。本来、一家だんらんの場である食卓。ここから悲劇が始まったのである。水俣病事件の今日的意味は、こうした若い母親たちの切実な声にも重なるものだ。

水俣病事件と向き合い、その意味を問い続ける漁師の緒方正人さんは水俣病について、負の遺産という言葉を使うことがある。芦北郡芦北町女島の網元緒方福松の一八人きょうだいの末っ子である緒方さんは、父母やきょうだいも重度のメチル水銀中毒患者で、自身も六歳の時の毛髪水銀は一八二ｐｐｍあった。一～三ｐｐｍがおおよその日本人の平均ともされているのに比べれば、幼児期の異常な高さが分かる。緒方さんは言う。「富の遺産なら、その相続にはみんな集まってくる。しかし、負の遺産は相続放棄で誰も引き受けない。ならば私たちが引き受けていきたい」。緒方さんはこんな言い方もする。「『不都合な真実』という言葉がある。地球温暖化で使われた言葉だが、水俣病にもあてはまるのではないか。加害者だけでなく、社会全体が、経済成長を目指す中、不都合な真実として水俣病事件にふたをしてしまおうという意識が生まれたのではないか」。この本の出発点ともなる言葉である。

本書は次のような構成になっている。

「Ⅰ 見えないものを見るために」は、本書のタイトルにもなっている「8のテーマ」で事件史を読み解くものだ。なぜチッソの排水を止めることができなかったのか。なぜ被害の拡大を防げず、救済が遅れたのか。本稿は熊本大学の肥後熊本学の講義資料と岩波ブックレット『水俣病を知っていますか』、『いま何が問われているか』（くんぷる）などを再構成、加筆。それらを「サインを見逃すな」などの「8のテーマ」にまとめ直して、事件史からくみ取った教訓とした。あわせて理解を助けるための水俣病問題をめぐる用語解説も付けた。

「Ⅱ 見ていた世界を見るために」は二〇一七年九月にスイス・ジューネーブであった「水銀に関する水俣条約」の第一回締約国会議に参加した胎児性患者の坂本しのぶさんの同行取材と、水俣条約成立の経緯と解説、条文を詳報する。同行取材に当たった熊本日日新聞東京支社の内田裕之記者と、水俣条約の取材を続ける熊本日日新聞社編集委員の井芹道一記者が担当した。さらに二〇一七年九月に、患者の浜元二徳さんを水俣に訪ねた時のインタビューと浜元家の闘いを振り返る資料を付けた。浜元さんは一九七二年にスウェーデン・ストックホルムであった国連人間環境会議の関連行事に坂本しのぶさんと一緒に参加している。本書を作成中の二〇一八年二月、石牟礼道子さんが亡くなった。九〇歳だった。『苦海浄土』をはじめとする一連の作品群は水俣病事件の真相と深層を多くの人に伝えた。パーキンソン病を患いながらも、最後まで言葉を発し続けた石牟礼さんの足跡を付記した。さらに、二〇一七年一一月から一二月にかけて、熊本市であった「水俣病展２０１７」の報告もコラムとして付けた。Ⅱの項のタイトル「見ていた世界を見るために」の「見ていた」主体は、坂本しのぶさん、浜元二徳さん、石牟礼道子さんである。

「Ⅲ　孫に語る猫実験」は一九五六年、原因不明の疾患発生の届け出を受けた水俣保健所長の伊藤蓮雄氏が残したテープの文章化である。患者発生の届けを受けた伊藤氏は翌五七年、水俣湾の魚介類を猫に与えた猫実験で、猫の水俣病を初めて発症させている。時代とその背景を知るための注記と解題とをあわせて、公式確認前後の熊本県の財政状況や水俣市の様子を紹介する。Ⅲも本書のタイトル「８のテーマ」に関連して読み進めることになる。

関連年表「事件を刻むために」も「８のテーマ」に即したものとなっている。

高峰　武

凡例

一、「Ⅰ　見えないものを見るために」と「Ⅲ　孫に語る猫実験」の稿は敬称略とした。
一、本稿では、肩書と役所の表記は当時のまま、年齢、地名も当時のままで表記している。
一、会社の株式会社などの表記は省略した。
一、参考文献は末尾に一括して紹介、引用箇所には著者名、出版年・引用頁を付記した。新聞記事は本文中に示した。
一、発言の扱いは、資料からの場合は参考文献によっているが、高峰が取材で記録した言葉については、特に注記はせずに、そのまま「」で使用した。
一、本書中に、現在は使用されない言葉があるが、当時の雰囲気を伝えるためそのまま使用した。

I　見えないものを見るために

目の不自由な人と象の寓話がある。触った場所で、象というものの全体の形を考えてしまうという話である。しかし、これは何も目が不自由な人に限った話ではない。自分が見た場所を「絶対」「全体」としてしまうと、それ以外の部分が見えなくなってしまうことはよくあることである。ここで心しなければならないのは、そのこと自体に気付かないことが往々にしてあることだ。むしろそうしたケースが多いことを歴史は教えている。水俣病事件も例外ではない。本章では、少し時間を逆転させ、公式確認から六〇年を超える歴史の時間を当時に巻き戻すと同時に、そこに現代の視点を入れる。いわば楕円《だえん》のように過去と現在という二つの視点を持って事件史を検証し、今なぜ問題が現在進行形なのか、そこからくみ出される教訓は何か、について考えていきたい。考察のもとになるのは、著者が取材した事項や参考文献として挙げた資料である。そして展開の軸となるのは、事件史からくみ取った「サインを見逃すな」などの8のテーマである。

1　サインを見逃すな

水俣病[*1]はある日、突然起きた病気ではない。

一九五四（昭和二九）年八月一日付の熊本日日新聞朝刊が水俣のこんな〝事件〟を伝えている。記事の見出しは「猫てんかんで全滅／水俣市茂道／ねずみの激増に悲鳴」。水俣病事件に関連する初めての報道である。当時の熊本日日新聞は六ページ。三面の地方版の三段見出しである。この日の地方版のトップ記事は当時、離島・天草と熊本をつなぐ海の玄関だった宇土郡三角町の三角港まつりで、見出しは「發展へ喜びに沸く」とある。

「猫てんかん」の記事はこう書かれている。茂道は一二〇戸の漁村。六月初めごろから急に猫が狂い始め（地元では「ねこテンカン」と言っていた）、一〇〇余匹いた猫が全滅、このためネズミが急増、各方面から猫をもらってきたが、これまた狂ったように死ぬことから、ネズミの駆除を市役所に依頼した、茂道には水田はなく農薬の関係はみられない、という。

私たちの視点の特権は、今の立場で歴史を振り返ることができることだ。この記事も示唆に富んでいる。茂道は漁村である。漁村の生活の中心にあるのは魚介類だ。猫が食べるのも専ら魚である。しかも各方面からもらってきた猫がこれまた狂ったように死ぬ。ということは、猫に問題があるのではなく、茂道というその場所に問題があるのではないか。水田がないのであれば、記事にあるように農薬は関係ないと考えてよさそうだ。今からすれば極めて多くの情報を含んだ一本の記事であったが、残念なことにこの記事が生かされることはなかった。この記事の後、茂道がどうなったかの検証記事があれば、事態の深刻化と人への影響なども分かった可能性がある。水俣の異変を伝える先駆的な記事であったが、しかし、残念ながら続報も検証もなかった。そして約二年後の一九五六年、公式確認[*2]を迎えるのである。後から知ることになるのだが、この記事以前に不知火海沿岸では魚介類の斃死、海藻の変色、鳥の落下など自然界の異変が起きていた。患者が発生していたことも後で明らかになってくる。

工場排水による海の汚染をめぐるチッソと漁民との紛争は大正時代から始まっている。チッソの発足は一九〇八（明治四一）年だが、操業間もないころからトラブルが起きており、一九二六（大正一五）年には、永久に苦情を申し出ないという条件で、水俣漁協はチッソから見舞金一五〇〇円を受け取っている。一九三二（昭和七）年、チッソがアセトアルデヒドの製造を始めると、排水による汚染が激化する。アセトアルデヒドはビニールなどの原材料で、この工程からメチル水銀が副生された。以後、漁協は漁業権を放棄してはチッソから埋め立てによる補償、融資を受けることを繰り返す。

一九五二年、地元からの要請で熊本県水産課係長の三好礼治が現地調査を行った。三好は「排水に対しては必要によっては分析し成分を明確にしておくことが望ましい」とする報告書を書くが、報告を基にした対策がとられることはなかった。また報告書にはチッソの「工場排水処理状況」が添付され、そこにはアセトアルデヒド酢酸工程の原材料として「水銀」が明記されていたが、水俣病が確認され、有機水銀が疑われた後も原因究明や対策に生かされることはなかった（水俣病研究会『水俣病事件資料集　上』、一九九六、六〇頁、七九―八一頁）。

現地調査は茂道に起きた「猫てんかん」の記事から二年前のことである。この時、本格的な調査が行われておれば、その後の事件史は大きく異なるものになったに違いない。自然界からのサインを何度も見逃したツケの結果が私たちの目前にある事態である。当時、政治や行政の目は化学工業保護へ向き、漁業被害も金銭的な補償を求めることが中心的な発想だった。そしてその一方で、チッソによる環境の私物化は進んでいく。環境汚染を早期に把握し、健康被害を食い止めるにはどうするかを今に伝える。貴重な経験である。

一九五八年九月、チッソはそれまでの百間港から水俣湾へ流していた工場排水を八幡プールから水俣川河口へと変更[*6]する。すると翌一九五九年には水俣川河口周辺での新患者発生が相次いだ。後に〝人体実験〟とも言われ、チッソ元社長の吉岡喜一と元工場長西田栄一の二人が業務上過失致死傷罪で有罪となった水俣病刑事事件での決定的な決め手の一つとなる。しかし、この排水路変更も社会的に知らされることはなかった。チッソ社内にとどまったことから、ここでも貴重な情報、サインが見逃されたとも言える。

黄ばんだ一通の手紙と診断書、メモが熊本学園大学に残されている。一連の資料は一九五九年三月二四日、熊本大学医学部第一内科助教授の徳臣晴比古が、同大学長の鰐淵健之にあてたもので、その後鰐淵が熊本商科大学（現在の熊本学園大学）の学長になったことから、同大学に残されたとみられる。「水俣病新患者報告　3・24日診察の結果をご報告申し上げます。現在密漁者多く患者発生の恐や大と思います」。書類には漁業男性の視野狭窄《しやきょうさく》、知覚障害などの記載があり、「毎日刺身をかかしたことはない」という食生活を書きとめているほか、どこで漁をしていたかの細かな地図もある。「密漁者」という表現は、この時点では水俣湾への法的な規制は行われていないため正当な言い方ではないが、徳臣が「新患者発生」の恐れを極めて深刻に受け止めていたことが分かる。しかし、この情報が対策に生かされることはなかった。

歴史を振り返ってみればこうなる。チッソの排水汚染は操業当初から問題になっており、この段階で排水対策をしておれば、その後のメチル水銀汚染は起きなかった可能性が高い。漁民を窮状へ追い込んだ上、無処理放流を繰り返して問題が起きれば海の埋め立て権を得るという行動の繰り返しがチッソ城下町をつくり上げ、その結果としてメチル水銀中毒という事件が起きたのではないか。

2 繰り返される不作為

不作為とは、やるべきことをやってこなかったということだ。水俣病事件史はこの不作為の歴史とも言える。とりわけ、政治や行政が工場の操業を優先し、やるべきことをやらなかった結果、被害が拡大した。しかも、その不作為は水俣病事件に関係するさまざまな主体に及ぶ。なかでもその象徴的なものが行政だろう。

一九五六年五月一日に公式確認された水俣病だが、五月二八日に、水俣保健所、医師会、市立病院、チッソ付属病院、市衛生課の五者からなる「水俣市奇病対策委員会」が設置され、本格的な調査が始められる。開業医のカルテの見直しなどが行われた結果、三〇人の患者を確認。一九五六年末で確認された患者は五四人に上り、うち一七人が死亡していた。死亡率の高さが際立っていた。

熊本県から原因究明の依頼を受けた熊本大学医学部の調査で伝染性は否定され、重金属中毒が疑われた。原因は魚介類の多量摂取が示唆され、汚染源としてチッソ水俣工場が疑われた。翌年の一九五七年になると、水俣保健所長の伊藤蓮雄が水俣湾産の魚介類を猫に与える実験[*7]で猫の発症を確認、熊本大学教授（法医学）世良完介の同様の実験でも発症したことから、熊本県は静岡県浜名湖のアサリ貝中毒事件を参考にして、水俣湾の漁獲を禁止するために、一九五七年八月、厚生省に食品衛生法の適用の可否を照会した。これに対する九月の厚生省の回答はこうだった。「水俣湾内特定地域の魚介類のすべてが有毒化しているという明らかな根拠が認められないので、食品衛生法を適用することは出来ない」（水俣病研究会『水俣病事件資料集　上』、一九九六、六七〇―六七一頁）

よく読めば、厚生省の回答は不可能を強いるものだった。厚生省の言う通りにするには、当時であれば水俣湾のすべての魚介類をとって猫に食べさせ、猫一匹一匹の発症を確認しなければならないことになる。食中毒事件で言えば、みんなが食べた仕出し弁当ではなく、弁当の中の菌の特定が必要になったことになる。この問題はのちに国の責任を問う訴訟の争点になったほか、被害拡大をもたらした一因として強い批判の声が上がることにもなった。

食品衛生法適用問題では、「水俣病は食中毒」であるとした岡山大学大学院教授の津田敏秀の論考を引く中で、熊本学園大学教授の下地明友が興味深い示唆を行っている。津田は食中毒事件における「原因施設」「原因食品」「病因物質」の区別の必要性を指摘した上で、食品衛生法の適用には「病因物質」の判明は必要ない、としている。水俣病事件で考えれば、原因食品が魚介類、「病因物質」がメチル水銀である。水俣では、メチル水銀を含んだチッソの排水は結局、垂れ流し続けられた。だれも止めなかった。下地が注目するのは、食品衛生法で見れば、「病因物質」という細かな〝犯人〟ではなく、魚介類という大きな網をかぶせた状態で目前の対策が可能なことにある。下地は、こうした考えを水俣病の医学にも敷衍させ、水俣病事件では医学的知識が判断基準に固定化され過ぎた結果、相対化する視点が失われたために医学が「本来の目指すべき道から外れている」と批判している(下地、二〇一五・二三二—二三七頁)。目前の汚染対策と被害者の診断という一見異なる領域での課題だが、この二つの根底にあるのは、どうしたら被害を拡大させないようにできるか、どうしたら実態に合わせた救済が進むか、という本質的で共通した問題である。

一九五九年七月、熊本大学の研究班は病理、臨床、分析、実験結果から原因を有機水銀とし[*8]、水銀はチッソから排出されたものである、とした。さらに同年一一月一二日、厚生省の食品衛生調査会が症状、病理所見、尿中から水銀が多量に排出されていることなど八点の理由を挙げて主因をなすものはある種の有機水銀と答申、翌日の閣議で厚生相の渡辺良夫がこの答申を報告すると、通産相の池田勇人が、有機水銀が水俣工場から流出していると結論するのは早計、と反論、このため閣議了解とはならなかった。また答申と同時に、同調査会の水俣食中毒特別部会は解散させられ、経済企画庁を窓口とする水俣病総合調査研究連絡協議会が設置されたが、この協議会は四回の会合を開いて自然消滅する。歴史的には、有機水銀説をうやむやにし、結論を先延ばしすることでチッソの生産を維持する役割だったことになる。そして具体的で効果的な被害者救済策や予防対策など何もとられなかった。

一九六三年二月、熊本大学医学部教授の入《いる》鹿《か》山《やま》且《かつ》朗《ろう》（衛生学）がアセトアルデヒド製造工程中のスラッジからメチル水銀を直接検出したことが公表されたとき（橋本、二〇〇〇・一一一―一一三頁）、熊本地検の検事正は「今まで手がつけられなかったが、研究の結論が出たのであれば、大いに関心をもたねばならない」と初めてコメントする。国会でも論議され、厚生省環境衛生局長の五十嵐義明は「新しい意見が伝えられているので、十分に地元の事情を調べて、必要な措置をとるよう検討する」などと答弁した。しかし結局、この時も政治も行政も司法も動かなかった。そして、一九六五年に第二のメチル水銀中毒が新潟[*9]で確認される。チッソ水俣工場からの有機水銀流出の指摘に対して通産相の池田は「早計」という言葉を使ってチッソを守ったが、その原因が確定した後でも具体的な対策はとられなかった。もともとやるつもりがなかった、と指摘される所以である。チッソがアセトアルデヒド設備排水を装置内完全循環方式に改良するのは一九六六年のことである。

国と熊本県の責任をめぐっては二〇〇四（平成一六）年、最高裁[*10]が「国と熊本県は一九六〇年以降は工場排水を規制すべきだったのにこれを怠った」と判示した。国は旧水質二法による工場排水規制、熊本県は漁業調整規則発動の不作為を問われたのだが、実は一九五九年一一月、水俣病問題をめぐる政府内の会議で、同法を使って工場排水を規制すべきだという意見が水産庁から出されていたのだが、通産省などが主導する政府の中でこの主張が受け入れられることはなかった。皮肉なことだが、四五年後にこの水産庁の指摘が行政責任にとどめを刺したことになる。

一九六八年九月、国は水俣病について「原因はチッソ水俣工場の排水中のメチル水銀」との見解[*11]を出した。しかし、公式確認から一二年が経過、しかも同年五月、国内で最後まで残っていたチッソと電気化学工業青海工場（新潟県）のアセトアルデヒド製造工程は稼働を停止しており、稼動停止を待っての政府見解とも言えた。

一九九一年六月一四日付熊本日日新聞が業界紙のこんな記事を載せている。化学工業界の専門紙として知られる「化学工業日報」が一九五九年一二月四日付一面トップで、旧水質二法の規制対象の「特定施設成案まとまる」として通産省所管分の成案を報道する中で、「化学工業関係の特定施設は次のようなものである」として、約四〇施設を列記。その中にチッソ水俣工場など全国八工場にあったアセチレン水和法によるアセトアルデヒド製造施設が含まれていた。しかし、報道から二週間後に公布された施行令では、報道された大半は「特定施設」に含まれていたものの、アセトアルデヒド製造施設は対象から外されていたという。

六月一四日付の熊本日日新聞の記事で通産省は「裁判で争われており、コメントは差し控えたい」とし、当時の通産省の担当課長は「記事を覚えていない。業界紙自体知らない」と語っている。

業界紙の報道通りだとすれば、いったん旧水質二法の規制対象になりながら、最終的に外されたことになる。この間、何があったのか。熊本日日新聞の記事では新潟水俣病訴訟弁護団の一人が「報道通り規制対象となっておれば、被害の拡大防止に役立っていたはずだ」とコメントしている。

水俣病事件をめぐる行政の不作為に関しては、一九七七年六月の東京高裁判決にこんな部分がある。

「熊本県警察本部も熊本地方検察庁検察官もその気がありさえすれば（略）各種の取締法令を発動することによって、加害者を処罰するとともに被害の拡大を防止することができたであろうと考えられるのに、何らそのような措置に出た事績がみられないのは、まことに残念であり、行政、検察の怠慢として非難されてもやむを得ないし、この意味において、国、県は水俣病に対して一半の責任があるといっても過言ではない。（略）これにひきかえ、排出の中止を求めて抗議行動に立ち上がった漁民達に対する刑事訴追と処罰が迅速、峻烈であったことは先に指摘した通りである」

これは、チッソとの交渉過程でチッソ社員に傷害を負わせたとして起訴された患者の川本輝夫[*12]に対して、公訴棄却の判決を言い渡した理由の一部である。検察官の起訴そのものがおかしかった、という極めて異例の判断だが、刑事事件を通しての水俣病事件への鋭い指摘と言える。

二〇〇九年に成立した水俣病特別措置法[*13]には不知火海沿岸住民の「健康調査」が盛り込まれたが、国は今に至るも「調査の手法を開発中」と繰り返すばかりだ。二〇〇四年の最高裁判決を受けて、熊本県は不知火海沿岸の健康調査を提案したが、国の厳しい反対に遭い、以降、「国が主体的に決めることだ」（熊本県知事蒲島郁夫）との姿勢だ。法に取り組むことを明記されたテーマにもかかわらず成立から八年過た今も、事実上のたなざらしである。今も継続中の不作為ということもできる。

一九七三年七月、チッソと水俣病患者の東京交渉団との間で結ばれた補償協定書[*14]の前文にはこうある。「チッソは潜在患者に対する責任を痛感し、これら患者の発見に努め、患者の救済に全力をあげることを約束する」。しかし、チッソが潜在患者の発見や救済に全力をあげることはなかった。これも加害者チッソの不作為の一つである。

3 少数を犠牲に多数を守る

紹介したい記事がある。一九五九年一一月八日付の熊本日日新聞だ。

見出しは「水俣工場／廃水停止は困る／市民の生活に響く／各種団体が知事に陳情」。記事は、「チッソ水俣工場の廃水即時ストップは水俣市民全体の死活問題だ」として、水俣市長をはじめ、市議会、商工会議所、農協、労組など水俣市の二八団体の代表約五〇人が、熊本県知事寺本広作に、水俣工場が操業停止という事態にならないように要望したことを伝えている。昭和三〇年代から水俣に足を運び、後に東京大学で「自主講座」を主宰する宇井純は陳情者の顔触れから「オール水俣戦線」と呼んだが、まさに〝オール水俣〟と呼べる人たちが、工場の排水停止、つまりは操業停止に反対していたことが分かる。ここに入っていないのは少数者の漁民と患者家族だけである。

ここで、当時の水俣病をめぐる状況を確認しておきたい。同年七月に熊本大学医学部研究班が水俣病の原因を有機水銀と発表、その汚染源としてチッソ水俣工場が強く疑われるようになった。同年一一月一日、国会調査団が熊本を訪れ、県議会、熊本大学医学部研究班から意見聴取、翌二日、水俣現地入りし、患者家庭互助会や熊本県漁業協同組合連合会（県漁連）から要望を聴取、水俣湾やチッソ水俣工場を視察した。これに合わせて約二〇〇〇人の漁民が水俣に集結、国会調査団に陳情した。漁民たちはその後総決起大会を開催し、チッソに交渉を申し入れたが、チッソが拒否。このため漁民たちは水俣工場に押し掛け、警官隊と衝突し、一〇〇人余りが負傷する事件が起きた。当時は「漁民暴動」とも呼ばれたこの衝突を契機に、「暴力反対」という声とともに、被害者である漁民ではなく、「チッソを守れ」「工場の操業停止は困る」という市民意識が顕在化したのである。

一一月八日付の記事は、水俣市はチッソ水俣工場の存在が大きく、「陳情団の話では市税総額一億八千余万円の半分を工場に依存し、また工場が一時的にしろ操業を中止すれば、五万市民は何らかの形でその影響を受ける」としている。

漁民以外の〝オール水俣〟は「自分たちの生活に響くから工場の排水を止めないでくれ」と訴えている。言葉を変えて要約すれば、少数の犠牲に目をつぶっても、多数の生活の安定を求める意識が表れていると言えないだろうか。少数が多数の生活の犠牲になる構造、と表現することも可能だろう。この構造は、これ以降現在に至るまで、日本という社会の中でどれほど変わったのだろうか。その後に起きた各地の環境問題、あるいは薬害事件などを見る時、少なくとも、胸を張って「日本はそういう時代はとっくに終えた」「既に克服した」と言える人がどれほどいるだろうか。東京から遠く離れた熊本、その熊本からも南端となる水俣。一方でチッソだけが東京とダイレクトにつながっていた。東京や熊本を「大」とすれば、水俣の漁民は「小」という構造でもある。

二〇一一年三月一一日の東日本大震災で起きた東京電力福島第一原発事故の処理を見るとき、水俣の出来事との相似形を指摘するのはそう的外れではなかろう。巨大な企業が地域に君臨する構図もまた同じである。

数の問題だけではない。質の問題もある。食の安全といった問題に思い到らなかったことが、結果的に自分たちに問題がふりかかってくるという構造である。

過去を見るのに、現在の尺度を使うのはおかしいという意見もある。しかしそうした意見は用心してかからないと、現状肯定に落ち着くことが多いものだ。可能な限り当時の状況に照らしながら、例えばどうすれば被害の拡大を防げたのかということを前提に、それぞれが自分のあるべき姿を具体的に問い返す作業を続けなければ、反省の核をつかむことは難しい。

ここでは重要なことが二つある。

一つは、排水を止めるな、と陳情した市民の側から後に水俣病の被害者が確認されたことだ。

被害者が被害者をこれ以上訴えないように押し込めようとしていたことにもなる。公式確認の後、例えば患者にお釣りを直接手渡さなかった商店の人がその後症状を訴え、一九九五年の政府解決策の対象になったケースもある。その時には症状がなかった、あるいは気付かなかったとはいえ、この事件の悲劇でもある。どうしたら、こうしたことを繰り返さないで済むか。

もう一つ、情報の問題である。

それは、本当の情報が住民に伝わっているかどうか、ということだ。〝オール水俣〟の市民がチッソの操業継続を陳情した時、チッソ内部の実験で、工場廃水を直接与えた猫が水俣病の症状を起こしていたのだ。チッソ付属病院長の細川一[*15]の猫四〇〇号実験[*16]である。水俣市民が県知事に陳情したのが一一月だからその前月である一〇月のことだ。細川が裁判で行った証言などによれば、このとき細川は工場側から実験の中止を申し渡されたという。工場の情報を外に出さない、あるいは実験続行のための試料を渡さないという工場側の態度がまた被害を拡大させた。

猫四〇〇号の発症を何らかの形で水俣市民が知っておれば、ああいう陳情に果たしてなっただろうか。微妙な時間差ではあるが、恐らく違った対応になったのではないか。何より、被害の拡大防止へ具体的な対策がもっと早く打てたように思う。

どうやって情報を広く公開し住民が共有するか。情報の共有は健全な市民社会にとっては最優先されるべきことの一つだ。

少数と多数、ということでは、一九六九年の一次訴訟の提起や一九七一年に川本らが始めた自主交渉も、水俣市民の中に化学反応とも呼ぶべき複雑な波紋を広げた。「チッソを守れ」の住民大会が企画され、新聞に折り込まれたチラシには「水俣に会社（チッソ）があるから、人口わずか三万足らずの水俣に特急が止まる」「弱った魚を食べたから奇病になった」などの言葉が並んだ。ここでも被害者はやはり少数の側だった。

4　予防に勝る対策なし

水俣病事件史の六一年を振り返って言えることは、環境破壊の悲惨さであり、一度起こした環境破壊は回復し難いということだ。

公式確認の後、水俣湾産の魚介類を猫に食べさせる猫実験をした水俣保健所長の伊藤蓮雄によると、最も早い猫は一週間で発病したという。恐るべき濃厚汚染である（橋本、二〇〇〇・六〇―六一頁）。そんな魚が日常的に食卓に上っていたことになる。こういう状態に対して具体的で有効な対策がとられることもなく、放置された。しかも、母親のお腹の中にいる時にへその緒を通じてメチル水銀に汚染された胎児性患者[*17]も生まれた。胎児性ということに絞った統計的調査はないとされるが、長年、胎児性患者と精力的に向き合ってきた医師原田正純[*18]は、その数を七〇人前後としていた。私たちの社会はまだその全体像を把握できていないのである。原田自身も後に自らの論文を訂正したように、症状の限定や発生時期の固定化などがあった。そうなった最も大きな原因は、チッソはもちろん、行政による徹底した調査がなかったことによる。

いずれにしろ、ある時期、膨大な数の幼い命が被害を受け、その背後には生まれなかった命があり、胎児性患者の周辺にはダメージを受けた多くの命があったことを横浜市立大教授の土井睦雄や医師の板井八重子らのデータが示している。それらの多さを思うだけで、被害の深刻さが分かる（矢吹、二〇〇六・六七―一〇一頁）。

事件史では、忘れることのできない一人の医師がいる。

チッソ付属病院長の細川一。細川はいわば水俣病の発見者である。その細川は密かに自分が所属する工場が元凶ではないかと疑い、アセトアルデヒド工程の工場廃水を猫に直接与える猫実験を行い、発症させた。猫四〇〇号である。ここでは原因の究明者ともなったことになる。その後、患者がチッソを相手にした一次訴訟では、がんに侵された体で四〇〇号を中心とした社内研究の様子を具体的に証言。この証言がチッソ敗訴の決定打となった。世界で類をみない病気を発見し、その原因を突き止め、そして最後には会社を告発したのである。細川は「細川ノート」と呼ばれる記録を残している。その中にこんな言葉がある。「公害と人の健康や病気との関係にはまだあまりにも困難なことが多い。このことが対策の遂行をおくらせる理由にしてはならない。又現象や症状をしらべる丈けではいけない。何とならば之等は事後の救済には役立つが、十分な公害防止策には役に立たないと思う。公害においては救済よりも防止の方がはるかに重要な仕事であるからである」(原文のまま)。ここには、事件を見続けてきた一人の医師の全人生を懸けたような率直な思いが吐露されている。心したい言葉である。

徹底した調査研究こそが再発を防ぐ最も有効な手段だろう。しかし、事件史で見る時、それがなされなかったことが、新潟で第二のメチル水銀中毒を引き起こしたと言えるのではないか。行政、政治、医学をはじめ、問われるべき主体は多い。

今は「予防原則」が国際的な大きな潮流となっている。EUで導入された考えで、一九九二年のリオデジャネイロ宣言では「環境を守るためには予防的取り組みを講じねばならない」とされた。私たちには足元に水俣病事件という貴重な経験がある。これどう生かすか。公式確認から半世紀以上たった今も問われ続けている。

5　原因究明はゴールではなくスタートだった

水俣病の公式確認は一九五六（昭和三一）年五月一日である。同年四月、二人の姉妹が水俣市のチッソ付属病院を受診、入院した。同病院長の細川の指示で小児科医師の野田兼喜《かねき》が五月一日、原因不明の中枢神経疾患が多発している、と水俣保健所に届け出る。これがのちに公式確認の日とされた。

原因究明は、熊本大学医学部の研究班を中心に行われるが、一九五六年中に「伝染病ではなく、魚介類を食べたことによる重金属中毒の疑い」と絞られ、一九五七年には水俣保健所長の伊藤が水俣湾産の魚介類を猫に食べさせる猫実験で猫の発症を確認、一九五九年には同研究班が原因物質を有機水銀、排出源はチッソ水俣工場が疑われるとした。

一九五九年一二月は水俣病問題が大きく動いた月だ。漁民への漁業補償が決まり、患者、家族とチッソは一時金や年金を盛り込んだ見舞金契約[*19]に調印、また排水浄化装置のサイクレーター[*20]も完成した。これらは、社会的に「水俣病は終わった」という雰囲気をつくった。一九六三年にはチッソ水俣工場からメチル水銀が直接排出されていたことが具体的に突き止められ、発表されたが、組織的な大きな網をかぶせるような研究はなかった。「正直、ほっと一息ついたような感じだった」。当時を知る研究者の感想である。

原因究明の大きな流れだが、残念なことにここで研究が事実上、一段落してしまう。一九六三年三月、同第一内科の徳臣らは「水俣病の疫学」と題する論文で、一九六〇年までで患者発生は終息、と書いた。

ここから以降は今の視点での検討だが、この時、メチル水銀の副生がいつごろから始まり、チッソ水俣工場から流失した量はどのくらいか、被害者がどんな症状を呈しているか、被害者はどのくらいの地域に広がっているのか、全国にある同種工場で問題が起きてはいないかなどなど、具体的で組織的な調査、研究がなされておれば、水俣病の被害は随分小さなものになったように思える。なぜ、そうならなかったか。チッソを擁護する国策と被害者の救済より生産増強に励んだチッソの姿勢がまず問題にされねばならないが、この後、第二のメチル水銀中毒が一九六五年に新潟で確認されることを思う時、「これからが問題解明のスタート」という意識に立つ取り組みがなされておれば、その後の展開は随分違ったはずだ。

熊本大学のその後の大掛かりな調査・研究は一九七一年六月、熊本大学医学部の九つの講座が参加する「10年後の水俣病研究班」発足を待たねばならない。「10年後」というのは、昭和三〇年代の研究班に続くという意味で、この研究班は二次研究班[*21]と呼ばれた。

当初の原因究明に当たった熊本大学研究班は医学部が中心だった。初めて直面する病気だったことから、その原因を突きとめるということが最優先されたが、工学部や理学部という総合大学の機能を挙げた取り組みがあれば、病因物質のメチル水銀に早く到達できたのではないか、という指摘がある。工学関係者の間で、アセトアルデヒド製造工程での水銀の使用は常識的な工程であり、当時の高校の「化学」の教科書には工業的にアセチレンからアセトアルデヒドをつくる水付加反応で水銀触媒を使うことが記載されていたという。しかし、一次研究班の一員であった熊本大学医学部教授の喜田村正次（公衆衛生学）は、「高価な水銀を工場廃液中に多量に排出することはないであろうという理由などもあって、水銀は検索対象から外されていった」『水俣病――水銀中毒に関する研究――』（熊本大学医学部水俣病研究班、一九六六年三月発行）と記している。

熊本大学名誉教授の入口紀男の最近の調査では、アセトアルデヒドの製造工程でメチル水銀が副生することを記した文献資料は戦前に熊本大学をはじめ国内の多くの研究機関や大学の図書館にあった、としている（入口、二〇一六・八三―八四頁、九七―一〇〇頁）。

これまでに経験したことのない新しい疾患が起きた時、私たちがどういう体制を組織して原因を突きとめ、被害を最小限に抑えるか。この歴史を学ぶことで水俣病事件は「正の遺産」になるはずだ。

原因究明に関連して、指摘しておかねばならないことがある。本書の「Ⅲ 孫に語る猫実験」とも重なることだが、公式確認直後の措置についてである。チッソ付属病院から転院の要請があったこともあり、患者に「日本脳炎疑い」という診断名を付けて水俣市内の避病院《ひ》（伝染病棟）に収容した。

この時点では既に伝染性の疑いは消えていた。当時の水俣保健所長の伊藤蓮雄はその後の裁判の証言で、「方便と言っても差し支えない」と語っているが、この措置はその後長く続く、患者への差別感情を生むことになる。伝染性がないことが分かった後、行政をはじめとする関係当局が積極的な説明をすべきであったが、それがなされなかった。事件史が教える教訓の一つだ。

6 「何人、いくらか」を繰り返す

「何人、いくらか」。事件史の中で施策を検討する時、行政にかかわる人から出てくる言葉だ。予算を意識した現実的対応を示すもので、対象者が何人おり、施策のための費用が結局いくらかかるか、ということである。問題の本質に向き合うというより、処理の総体を表現するものでもあるが、六〇年を超える事件史の対策を振り返れば、この言葉は行政と政治の変わらぬ体質を言い表しているようでもある。

患者家族への最初の対策となったのが、一九五九年一二月にチッソと水俣病患者家庭互助会との間で結ばれた見舞金契約だが、これは責任をとっての補償ではなくあくまで見舞金だった。その際、見舞金の受給者を決めるために水俣病患者診査協議会がつくられる。本人が申請し、医者で構成される委員会が全会一致で受給者を決める認定制度[*22]がここでスタート、以後、補償制度の中核となっていく。

病像をどうとらえるか、その対象者をどうやって決めるか、という問題の前提には根本的な実態調査が不可欠なのだが、こうした経緯や論議を経ることなく認定制度が始まったことが、その後の矛盾の拡大の原因となる。そして、チッソの要請でできた、いわば私的な見舞金契約の受給資格者の選別である認定という制度に医学が取り込まれていった結果、被害の広がりが次々と明らかになるにつれてその矛盾は深く、大きく、深刻になっていく。ある審査員経験者が次のように語ったことがある。「ほとんど症状がそろっているので認めてもいいと思っても、ほかの科の症状がないと県としては確認できないと保留になった。県はすべて医者の責任にした。医学者が（認定の）切符切りだったから、どうしても補償を意識して慎重になった」と。認定審査会の根拠法でもある一九六九年の被害者救済法は「民事責任とは切り離す」とあるにもかかわらず、補償を意識した法の趣旨とは異なる運用が続いたことになる。

見舞金契約をあっせんした熊本県知事の寺本広作は後に参議院議員となって、参院公害特別委員会で環境庁長官の大石武一にこう質問している。「水俣病であるか否かは行政が決める事柄ではなく、学問の立場から医学が決める事柄ではないか」（寺本、一九七六・一七三頁）。認定制度のスタート時点で既に、本来行政が責任を持つべき認定という行為を医学に転嫁、診断と認定の混同、混乱があったことがうかがわれる。

一九七三年三月の一次訴訟判決[*23]でチッソの責任と補償金の額、そして同年七月の補償協定締結で年金などの生活補償という水俣病をめぐる補償の大枠はできたが、認定制度が持つ問題や矛盾、実態と離れた運営が、行政不服審査の過程や訴訟の場で明るみに出た後も、国も熊本県もチッソもこの制度を変えることはなかった。裏返せば、事件史の中で結局、根源的な問題と向き合うことがなかったということでもある。

水俣病問題の「最終、全面解決」をうたった一九九五年の政府解決策[*24]とともに、さらには二〇〇四年の最高裁判決以降、申請者の急増や訴訟提起などを受けた二〇〇九年成立の水俣病特別措置法という、二回にわたる水俣病未認定被害者をめぐる救済策はある意味、現実的な折り合いの結果とも言えるが、それでも問題の「最終」解決には至っていない。こうした事態は「何人、いくらか」ということから抜けきれない、水俣病を引き起こした側のありようが生み出したものとも言える。メチル水銀中毒として被害をとらえ直し地域住民の根本的な実態調査を行わない限り、繰り返されることだろう。補償体系を考えるということは本来こうした実態調査の上に成り立つものである。

一九九五年の政府解決策の時に、当時の熊本県知事福島譲二は対象者を五〇〇〇人とし、環境庁は予算要求で八〇〇〇人としたが、現実には一時金二六〇万円の該当者は約一万一〇〇〇人と予想を超えるものとなった。二〇一四年、水俣病特措法で一時金の二一〇万円の対象者は約三万二〇〇〇人に上った。補償史から見る問題の本質の一端が露呈されている。端的に言えば、その時々の弥縫策《びほうさく》の結果である。

一方で、被害者救済より加害者救済を先行させた、とされるのが一九七八年に始まったチッソ県債[*25]

だ。当初は患者補償に万全を期すためだったが、その後、ヘドロ処理[*26]の費用など名目が増え続け、現在は六種類にまで増えた。加害者（チッソ）を矢面に立て、その背後に国や県が控えるという構造は、東日本大震災の東京電力福島第一原発事故の補償スキームで参考にされた。

7　言葉を心に沈殿させる

水俣病事件は多面体である。どの角度から光を当てるかで見えてくる像は違う。チッソの労働組合、新日窒労組委員長だった岡本達明は二〇一五年に『水俣病の民衆史』（日本評論社、全六巻）を刊行した。チッソの工場が水俣に誘致され、多くの人々が工場に引き寄せられるように集まり、その工場がメチル水銀を流し、「奇病」と呼ばれた病が発生し、原因が分かってからも被害者の救済が立ち遅れ、被害者が立ち上がらねば加害の側が動かず、一方でチッソから補償金が出ることで変わっていく地域共同体の実相が記述されている。

岡本が叙述した民衆史にならって言えば、行政、医学、司法、科学、マスコミなど事件史を構成するそれぞれの主体が事件史の中でどんな役割を果たしてきたかが問われるということでもあろう。それだけ、事件が問うものは多彩で、深い。その多彩さ、深さを知ることもまた事件に学ぶことである。

事件に関して「鏡」という言葉をよく使ったのは医師の原田正純である。水俣病事件という鏡に映る自分の姿はどうなっているか。これが終生の自問だった。二〇一二年六月、七七歳で亡くなるが、原田が繰り返し紹介した言葉に「宝子《たからご》」がある。

事件をめぐる原田のまとまった本としては最後のものが、『宝子たち　胎児性水俣病に学んだ50年』（弦書房）だった。「宝子」では、胎児性水俣病患者の上村《かみむら》智子一家のこんなエピソードが紹介される。

水俣高校に公害教育に熱心な先生がいた。この先生がある時、写真家のユージン・スミスが撮影した智子が母親と入浴する写真を示して、いかに環境問題が大切か、環境を護らないとこのように不幸な子どもが生まれる、という趣旨の話をしたところ、その教室にいた智子の一番下の妹が手を挙げ、「その写真は私の姉です。姉のことをそんな風に言わないで下さい」と泣きながら話をした。差別や公害問題に熱心な先生だっただけに、「頭を殴られたような」ショックを受け、「反公害運動は障害を持つことは不幸だと決め付けてはいなかったか」との自問が始まった……。

ここには幾つもの問題がある。まずは事実の問題として、チッソが流したメチル水銀によって胎児性患者が生まれたということがある、しかし、そうして生まれた命であっても命そのものはいとおしいものであり、上村一家はその智子を中心に懸命に生きているのである。こうしたことを、智子という一人の胎児性患者の存在が私たちに教えているのだ。そして、母親の次のような言葉が続く。

「智子は〝宝子〟です。この子が私の胎内で水銀を全部吸い取ってくれたから、残りの子が元気にスクスク育っているのです。ただ、この子ばかりにかかりきりになって他の六人の子にかまってられないので、つらいのです。ほかの子供が病気になっても、つい、この子にくらべればハシカやカゼなど、なんでもないと思ってしまうのです」

一人の人間は、一つの図書館にも匹敵する、という言葉がある。それだけ一人の人生、軌跡が豊かなものだということだろう。智子の母親の言葉には、人が生きることの意味が簡潔な言葉で込められている。多様な情報に接するなかで、大地に落ち葉が降り積もったような言葉の核心を受け取らず、その時々でただ単に言葉を〝消費〟し、流失しがちな私たちへの、柔らかいが、厳しい問い掛けでもある。

原田はまた医学者として専門家とは何か、ということを自問し続けた。専門家の問題を考えた『裁かれるのは誰か』（世織書房）ではこんなことを書いている。「専門家は時として被害者にとって救世主的な役割を果たすが、時としてその専門的知識ゆえに、既成の概念にとりつかれてとんでもないマイナスの役を果たすことがある。また、行政や企業にはその権威を利用され弱者の被害を拡大することに手を貸すこともある」（原田、一九九五・はじめにⅲ）。専門家が陥りやすい落とし穴である。これは多分に原田の強い自省でもあろうが、ではそうならないためにはどうするか。その一つには、いかに風通しをよくするか、ということがあろう。組織で言えば内に閉じずに外に向かってどれだけシステムが開かれているか、個人で言えば自説に固執せず事実にどれだけ謙虚に向き合うことができるか、ということだ。その大前提になるのが現場を見続けることだろう。

8 「仮」の状態から抜け出す

水俣病事件では「仮」という言葉が問題を象徴する。しかし、「仮」の状態から抜け出すことがそう簡単なことではないことは事件史が教えていることだ。しかし事件史を被害者の立場で見続けることでそこから抜け出す幾つかの道は見えるようにも思う。

端的な例が水俣湾の埋め立て地だ。埋め立て地は一九九〇（平成二）年、二五ｐｐｍ以上の水銀ヘドロを浚渫《しゅんせつ》し、五八㌶の海面を埋め立てて総工費四八〇億円で完成した。うちチッソ負担分は三〇五億円で、県がヘドロ県債を発行して立て替え、チッソは今も返済を続けている。現在は運動公園などとして使われているが、高濃度の水銀ヘドロは無処理のままだ。いわば、取りあえず移動させた「仮置き場」であって最終処分ではない。近くには断層があることが知られている。ここの処理をめぐっても「最終処理をすればいくらかかるか」という話が関係している。水俣湾との境を仕切る鋼矢板の耐用年数は五〇年とされたが、熊本県は二〇一七年一二月に検討委員会を開き、管理マニュアルを改定する一方で、①水銀の大部分は毒性の低い硫化水銀②最大級の地震が起きても汚泥は外に漏れない③液状化でも環境への影響は小さい——などとした。

水銀の削減を国際的に進めようという「水銀に関する水俣条約[*27]」が採択されたのは二〇一三年だった。そして二〇一七年九月、スイス・ジュネーブで第一回締約国会議が開かれ、本書Ⅱで紹介するように、胎児性患者の坂本しのぶが被害の深刻さを訴えた。条約名に「水俣」とあえてつけることを主導した日本。その足元をどうするか。このままであれば、「仮」の状態のまま問題を先送りするだけではないか。歴史からも問われている。

認定制度や基準をめぐる論議も今なお続いている。二〇一三年、最高裁[*28]は複数の症状の組み合わせを求めるいわゆる五二年判断条件[*29]と異なり、感覚障害で水俣病と認める判断を示した。また二〇一七年一一月、感覚障害の症状しかないことを理由に水俣病の患者と認めなかったのは不当だとして新潟市の九人が新潟市に認定を求めた行政訴訟の控訴審判決で、東京高裁は九人全員（一人は故人）を患者と認定するよう新潟市に命じた。新潟市は上告せず確定、あらためて認定し謝罪した。判決を素直に読めば五二年判断条件とは別の考え方で司法による救済が示されたということなのだが、環境相の中川雅治は「判決は現行の認定基準を否定しておらず、変える必要はない」として変更しない方針だ。

行政と司法の異なる判断。ここでも、認定かどうかを決める肝心の行政の基準が実態を反映しない「仮」の状態にあると言えはしまいか。六一年の歴史が問うているのはこのことである。

水銀をめぐる魚介類の摂取基準が暫定規制値[*30]のまま放置されているのも象徴的だ。この基準が作られたのは第三水俣病事件を受けた一九七三年のことだ。当時の公定法による分析を基に魚介類中のメチル水銀は総水銀の七五％という前提で組み立てられたのだが、その後水銀の分析法が改善、進歩した現在ではほぼ一〇〇％メチル水銀とされている。さらには長期微量汚染の危険を指摘する国際的な研究もある中で、日本では四〇年以上経過した暫定規制値を変更する気配はない。「具体的に問題が起きていない」というのが厚生労働省が変更しない理由だが、ここにも水銀対策での「仮」の姿がありはしないか。こうした姿勢が水俣病を引き起こしたのではないか。水俣湾の水銀調査でも、対象魚種を一匹一匹ではなく全体を混ぜて平均値を調べる現在のやり方への批判がある。熊本県の説明では、魚一〇匹を混ぜて一検体としたのを一〇検体つくり、その平均値を公定法で測っており、「公定法使用は国のやり方と同じにするため」としている。これに対して、魚は一匹一匹で食卓に上がるものだとして、最新の方法でのきめ細かな測定を求める声が上がっている。

水俣病発症の一応の目安とされる五〇ｐｐｍについても異論は多い。五〇ｐｐｍの根拠となったのは、新潟での患者の毛髪水銀値だったが、このケースについて米ロチェスター大学の研究スタッフは「パンと魚―食品中のメチル水銀に関する考察［Ｉ］」（一九九三年）で、発症や試料採取日付の不確実さ、毛髪試料の採取法や分析方法の問題点を挙げた上で、「臨床的影響を及ぼすＭｅＨｇの最低濃度に関する明確な結論を水俣および新潟のデータから引き出すことは妥当ではない」と結論付けている。水銀分析の赤木法で国際的に知られる国際水銀ラボ（水俣市）代表の赤木洋勝は「ロチェスター大の指摘通りで、毛髪水銀値などの日本のデータは基になる基礎データが残っていない。それは水俣も新潟も同じだ」と指摘、日本のデータは国際的には通用しない、との立場だ。そういう点では、五〇ｐｐｍという目安も「仮」の姿というべきだろう。

国連環境計画（ＵＮＥＰ）の二〇一三年世界水銀アセスメント（環境影響評価）では世界の経済活動

で二〇一〇年に大気中に排出された水銀量は一九六〇トンに上り、主要な発生源は小規模金採掘と石炭燃焼で、大気と別に水環境への人為的な排出は少なく見積もっても年間一〇〇〇トン以上と推計、過去一〇〇年間に世界の海の表面一〇〇メートル内に人為的に排出された水銀量は倍増したという。自然界で無機水銀のメチル化、食物連鎖などによる濃縮も指摘され、北太平洋の魚介類のメチル水銀濃度は過去一〇〇年間に約一〇倍になったと熊本大学名誉教授の入口紀男は指摘している（熊本大学水俣病学術資料調査研究推進室・参考資料二〇一四）。しかし途上国での水銀汚染への危機感は薄く、水俣病事件を経験した日本でも関心は高くはない。

世界保健機関（ＷＨＯ）や欧米などは、より微量の水銀でも影響が出る可能性があるとし、メチル水銀の基準摂取量を日本より厳しくしている。このうち米国ＥＰＡ（環境保護局）は二〇〇一年に改定。ＥＰＡなどの調べでは、妊婦を対象としたメチル水銀摂取リスク評価は、一日体重一kg当たり、米国や欧州連合（ＥＵ）は〇・一マイクログラムとなっている。これに対し日本は〇・二八マイクログラム（二〇〇七、日本の食品安全委員会）となっている。

私たちはいつまで「仮」の姿でいるのだろうか。救済のあり方や規制値の問題など「仮」の状態から抜け出すには、多くの痛みを伴うだろう。しかし遅くはなったが、今ならまだ間に合う。

四大公害事件の発生について「高度成長の陰に」という言い方がある。果たしてそうだろうか。実態は「陰」ではなく、水俣病をはじめとする環境破壊、健康破壊があったから高度成長が実現した、と言うべきではないか。犠牲を前提にした豊かさがあっていいはずはない。

日本近代の一つの側面を物語るものに足尾鉱毒事件[*31]がある。二〇一三年は鉱毒被害を訴えた田中正造が亡くなってちょうど一〇〇年だった。水俣病事件の前にはこの谷中村の一世紀を超える歴史がある。足尾から水俣へ、その道をたどるとそこには環境や人の暮らしに思いをめぐらせず、環境の破壊と生産を優先させた日本近代のもう一つの素顔が見える。その素顔は、ある意味で私たちの今後の大きな道しるべにもなるものだ。事件から学ぶことで初めて悲惨な事件も社会の貴重な財産となってくる。そこに必要なのは、想像力だ。水俣で何が起き、どうなったか、幾つもの「なぜ？」の答えは想像力を磨くことから出てくる。

「知らんちゅうことは、罪ぞ」と言ったのは、患者の杉本栄子である。一九三八年、水俣市茂道の網元の娘に生まれたが、水俣病事件は一家を悲惨の極みに突き落とした。しかし杉本は自分と向き合う中で、「水俣病はのさり」「人が変わらんなら、自分が変わる」などという言葉を獲得、そして「チッソを赦《ゆる》す」という精神に至った。

杉本は二〇〇八年、六九歳で脳腫瘍のために亡くなったが、石牟礼道子[*32]はこの「知らんちゅうことは、罪ぞ」という言葉を、「現代の知性には罪の自覚がないことをこの人は見抜いたに違いない」と評した（熊本日日新聞編集局、二〇〇六・五―六頁）。これに加えて少し思うことがある。私たちは実際の暮らしの中で、森羅万象全てを知ることは不可能である。とすれば、この言葉には、「全てを知っているなどとゆめゆめ思うな」という、ある種自戒を込めた意味も含ませていたのではないか、と。

「知らないことは見えない」という言葉がある。そして「知ることは超えることである」という言葉がある。事件を知ることで、事件を繰り返さないようにする。超えるという行為は簡単なことではないが、知ることがまずは第一歩となる。

8のテーマのための用語解説

（用語の上に付した番号は本文（一四頁～四四頁）に付した数字を示す）

1 水俣病

水俣病の公式確認は一九五六（昭和三一）年五月一日だが、当時は、原因が分からなかったこともあって「奇病」と呼ばれ、対策に当たった組織も「水俣市奇病対策委員会」と呼ばれた。熊本県や国は「水俣地方に発生した原因不明の中枢神経系疾患」、あるいは「所謂奇病」などとした。学術誌の中で最初に「水俣病」を使ったのは熊本大学医学部教授の武内忠男（病理学）で、一九五七年六月の論文に「中毒性因子が確認されるまでは本症を水俣病と仮称することとしたい」と断った上で使用している（橋本、二〇〇〇・七二頁）。新聞などでは一九五八年八月、約一年半ぶりの患者発生を伝えるころから、水俣病という表記になっている。一九五九年七月、熊本大学医学部研究班が原因として有機水銀説を発表、一九六八年九月の政府による「水俣病の原因物質はメチル水銀化合物で、チッソ水俣工場の廃水に含まれ排出された」とする統一見解で、公的にメチル水銀が原因とされたが、この間水俣病が定着、「Minamata Disease」と表記された。産業活動によって排出されたメチル水銀が生物濃縮によって魚介類に蓄積、それの経口摂取で起きたという特殊性を挙げて、一九七〇年の厚生省の公害調査等委託研究班も「魚介類への蓄積、その摂取という過程において公害的要素を含んでいる」として、単なるメチル水銀中毒とは異なるという意味をもたせた。公害は、旧河川法の「公益を害する」との意味で使われた（橋本、二〇〇〇・五一、七三頁）。熊本大学名誉教授の富樫貞夫は、〈水俣病〉という語は工場排水中のメチル水銀によって起きた健康被害をあますところなく表現するには狭すぎるとして、ヤマカギを付けて使用している（富樫、二〇一七・一二―一三頁）。その理由として、これまで〈水俣病〉は認定制度によって認められたものとほぼ同義語として使用されてきたが、被害の程度は多様で、家庭内でも個体差があり暴露から一定期間を経過して顕在化する場合もあるほか、重度の胎児性だけでなく、毛髪水銀値が一〇ｐｐｍ程度の母親から生まれた子どもにも種々の障害が確認されており、〈水俣病〉という病名が指定地域外で発生したメチル水銀中毒を見逃す一因となっており、世界各地で起きるメチル水銀中毒との比較検討上、障害になる可能性があることなどを挙げている。また地名を冠した病名が差別、偏見を生み、新潟では新潟水俣病という二つも地名が付いた奇異な病名にもなっている、などと指摘している。

2　公式確認

一九五六（昭和三一）年四月、水俣市月浦《つきのうら》坪谷の田中静子（五歳）、実子（二歳）の二人の幼い姉妹が水俣市のチッソ付属病院を受診、入院した。母親の話では似たような患者は近所にもいるという。院長の細川一《はじめ》の指示で小児科の医師野田兼喜が五月一日、原因不明の中枢神経疾患が多発している、と水俣保健所に届け出る。この五月一日が水俣病公式確認の日とされる。実は細川は前年と前々年に似たような症状の患者を二例診察していた。診断が付かず、手の施しようがないまま亡くなった重篤な脳疾患患者だった。細川の保健所への届け出指示にはこうした背景があった。

3　チッソと野口遵

野口遵《したがう》は、一八七三（明治六）年、金沢で生まれる。東京大学電気工学科を卒業してシーメンス・シュッケルト社（ドイツ）の日本出張所に入り、黎明《れいめい》期にあったカーバイドに着目。一九〇五年に欧米を視察した野口は一九〇六年、鹿児島・大口の曾木電気設立に参加。電気を使ったカーバイド製造、加えて肥料製造を計画し、一九〇八年水俣に日本窒素肥料を発足させる（一九五〇年に新日本窒素肥料、六五年にチッソと社名変更）。用地として当初は芦北郡芦北町や鹿児島県出水市を候補としたが、強い誘致の働きかけがあった水俣に決めた。その後、延岡工場の建設（現在の旭化成）などを進め投機的精神で事業を拡大し、新興財閥の雄となる。朝鮮総督府との関係も強め、一九二七（昭和二）年には朝鮮窒素肥料を設立。メインバンクを三菱銀行から日本興業銀行へ変更したこともあって、国策的事業の比重を強め、以後、東洋一のコンビナート・興南工場（従業員約四万五〇〇〇人、地区人口は一八万人）を軸に展開する。一九四〇年制作の映画「鴨緑江大水力發電工事」では、野口が主導する巨大ダムの建設現場を、当時の満州国（現中国東北部）高官で戦後、日本の首相となる岸信介や関東軍司令官が度々訪れている。敗戦で海外資産をすべて失うことになるが、野口は敗戦を目にすることもなく一九四四年に七一歳で死亡する。戦後チッソは水俣工場で再起を図るが、植民地経営の興南工場幹部が水俣工場運営の中心となった。チッソのほか、現在の積水化学、日本工営、旭化成、センコー、マツダ、信越化学などが野口を源流の一つとしている。

4　アセトアルデヒド

プラスチックの可塑剤をはじめ化学製品の原材料でもあるアセトアルデヒドの製造をチッソが始めたのは一九三二（昭和七）年である。カーバイドから発生させたアセチレンを原料に、水銀を触媒としてアセトアルデヒドを合成する原理は古くから知られ、ドイツでは工業化されていたが、チッソは独自の製造法を開発して生産を始めた。この工程でメチル水銀が副生された。戦後、チッソは復興と歩調を合わせるように生産量を急速に増やし、一九五五年には一万トン、一九六〇年には戦後のピークの四万五二四五トンになった。この時点で国内では七社八工場がアセトアルデヒドを製造していたが、チッソは常に国内生産量の三分の一から四分の一を占めていた。七社の中には新潟水俣病の原因企業、昭和電工も含まれる。

5　メチル水銀

水銀は金属水銀、無機水銀、有機水銀がある。金属水銀は蛍光灯や体温計などに使用され、無機水銀はビニールや塗料、試薬など、有機水銀は防腐剤や殺菌剤として使われている。メチル水銀は有機水銀の一つで、毒性が極めて強い上、血液脳関門と血液胎盤関門を通過するのが特徴。このため、人の脳の中枢神経に蓄積されるほか、胎盤を通じて胎児の脳に広範な障害を起こす胎児性水俣病を生んだ。低濃度でも母親の胎内で脳が侵され、学習障害を発症するとの報告がある。水俣病のように工場で直接生成されるほか、自然界で微生物や光の作用で無機水銀がメチル水銀化することが知られている。

6　排水路変更

アセトアルデヒドの増産に向かっていたチッソは一九五八年九月、水俣湾の百間港に流していた排水を、いったん八幡プールにためて上澄みを水俣川河口に放流するように変更した。とりあえず百間港付近の汚染を止めるため、水俣川から不知火海へ流して希釈しようとしたとされるが、八幡プールはもともとカーバイド残渣の捨て場として海を埋め立てたもので、水に溶けた物質は底から浸透して海に出ていく構造だった。一九五九年になると、水俣川河口付近の漁民から新たな患者の発生が相次ぎ、水俣市より北側の津奈木町や湯浦町、対岸の天草でも猫の発症が報告されるようになった。この排水路変更はチッソ外部の者には知らされなかった。その後排水路変更を知った通産省は、直接不知火海に放出している排水路の廃止と排水処理施設の早期完成を指示した。排水路変更に伴う新患者発生はアセトアルデヒド排水が汚染源であることを強く示唆していたが、具体的な対策には何ら結び付かなかった。

7 猫実験

事件史では猫が重要な役割を持った。その一つが猫実験だ。水俣保健所長の伊藤蓮雄は、熊本大学医学部教授の武内忠男の依頼で猫実験を始めた。一九五七年三月から保健所二階で猫七匹を飼い、水俣湾で獲った魚介類を与えたところ、短いものは一週間、長いものでも四〇日程度で、自然発症の猫と同じような症状を発症させることに成功した（本書Ⅲ参照）。また熊本大学医学部教授の世良完介（法医学）も一九五七年二月から水俣市の茂道、湯堂の漁家に猫を送り、飼ってもらうやり方で実験を行い、依頼した八匹の猫は三三～六五日で全て発症した。なぜ、猫が使われたか。熊本大学医学部研究班の一九五九年七月二二日付「主として病理学的にみた水俣病の原因についての観察」要旨によると、①現地で多数の猫が自然発症している②病理解剖学的所見がヒトと同じように小脳顆粒《かりゅう》細胞の障《しょう》碍《がい》及びその脱落が顕著—などとしている（水俣病研究会『水俣病事件資料集』上、一九九六・八一二—八一四頁）。また入手が簡単なことや現地飼育といった汚染モニタリングの役割もあった。チッソ付属病院長の細川一も約八〇〇匹の猫実験を行っている。

8　有機水銀説

当初、原因物質としてセレン、マンガン、タリウムなどが挙がるが、熊本大学医学部研究班が、病理学と臨床の両面から水俣病の原因を有機水銀と発表するのは、一九五九年七月だ。この時、水俣湾底土の水銀が百間排水口底土の二〇〇〇ｐｐｍ（湿重量）以上を最高に排水口から遠ざかるに従って低下するデータから、水銀はチッソから排出された、と報告した。有機水銀説に到る契機となったのは、イギリスの種子消毒工場で四人の作業員に起こったメチル水銀中毒に関するハンター、ボンフォード、ラッセルの一九四〇年の臨床報告とそのうちの一人の死亡者についてのハンター、ラッセルの病理論文だった。最近の熊本大学名誉教授の入口紀男の調査では、世界最初のメチル水銀中毒症は一八六五年に英国・ロンドンの聖バーソロミュー病院で三人の技術者がメチル水銀に触れて中毒症になり二人が死亡した出来事で、一九一六（大正五）年には世界初のアセトアルデヒドの量産を始めたドイツの工場で多くの作業員が排泥に触れ発症、このため排泥を川に流さず、地中に埋めた、とされている。これらの報告はチッソが水俣でアセトアルデヒドの生産を始めた一九三二年には既に熊本大学をはじめとする日本国内の大学や研究機関にあったという。入口は「ハンター・ラッセル症候群は病理所見」とするとともに、有機水銀の副生は「ほんの少しの注意を払えば予見可能だった」と指摘している（入口、二〇一六・六五―八二頁、八五―一〇〇頁）。

9　新潟水俣病

一九六五年五月三一日、新潟大学教授椿忠雄らが、メチル水銀中毒の発生を新潟県に報告。それを受けて六月一二日、新潟県が阿賀野川流域に有機水銀中毒患者七人が発生し、二人死亡と発表した。熊本に続いての発症で新潟水俣病と呼ばれた。阿賀野川河口から六〇キロ上流にチッソと同じアセトアルデヒド製造工程を持つ昭和電工鹿瀬工場があり、厚生省や新潟大学、新潟県などの調査で同工場が発生源と疑われたが、通産省が反論、昭和電工も一九六四年に発生した新潟地震によって流失した農薬が原因などとした。チッソと同じような行動で、このため患者たちは一九六七年、昭和電工を被告として損害賠償請求訴訟を提起。四大公害訴訟の先駆けとなった。原因については一九六八年九月の政府の統一見解が、「昭和電工の排水が大きく関与し、中毒発生の基盤となっている」と結論付けた。熊本の水俣病の対策の不徹底さが第二の水俣病を生んだとも言える。初期対応の迅速さは評価されるが、当初想定されなかった工場の上流域からその後被害者が出るなど、広く網をかぶせる対応の必要性など水俣の教訓は生かされなかった。また受胎調整等の指導が行われ、胎児性水俣病は一例のみの報告となった。新潟では遅発性水俣病の報告をはじめさまざまな観点からの新しい指摘がなされ、熊本での研究が問い直される契機となったのをはじめ、熊本での提訴につながった。

10　二〇〇四年の最高裁判決

水俣病関西訴訟で最高裁は二〇〇四年一〇月、国は一九五九年一一月の時点で、①重大な被害が継続していることを認識し②原因がある種の有機水銀化合物で排出源はチッソ水俣工場のアセトアルデヒド製造施設であることを認識でき③排水に水銀が含まれることの定量分析は可能だった―として、旧水質二法を発動してチッソ水俣工場の排水停止などの措置をとって被害拡大を防ぐことができたのに、これをしなかった違法があり、熊本県も国と同様に、漁業調整規則に基づいて規制すべきだったのにこれを怠った、と判示、水俣病事件史での国と熊本県の責任が確定した。

11　政府の統一見解

一九六八年九月二六日、厚生省が熊本水俣病はチッソ水俣工場のアセトアルデヒド製造工程中で副生されたメチル水銀化合物が原因と断定、新潟水俣病は科学技術庁が昭和電工鹿瀬工場のアセトアルデヒド製造工程中で副生されたメチル水銀化合物を含む排水が大きく関与して中毒発生の基盤となっている、とし、これらを政府の統一見解として発表した。厚生大臣は熊本県選出衆院議員の園田直だった。一九六八年五月、水俣病が公害対策基本法の公害に係る疾患であるか否かの国会における質問に答えるため、いわゆる公害病に関する初めての原因及び発生源の確定が政府によって行われたのである。政府統一見解が出されたこの年の五月には、国内で最後まで残っていたチッソ水俣工場と電気化学工業青海工場（新潟県青海町）のアセトアルデヒド製造工程は既に稼働を停止していた。また政府の統一見解は水俣病患者の発生が一九六〇年を最後に終息しているとし、その理由として魚介類の漁獲禁止や工場の廃水処理設備が整備されたことを挙げているが、これは明らかな誤りである。強制力を伴う法的な漁獲禁止措置がとられたことはそれまで一度もなく、旧水質二法による規制の開始は一九六九年二月のことだった。「終わった事件」としての政府見解ではあったが、しかし以後、大きく事態は動いていく。

12　川本輝夫

水俣病患者。父親の嘉藤太は水俣の対岸、天草・牛深から職を求めて水俣に移住した。八男三女の七男。精神科病院の看護人見習いの時、嘉藤太の狂死に直面する中で、自身も認定申請を行う。棄却処分に対する行政不服審査などを経て逆転認定され、一九七一年一二月、東京・丸の内のチッソ本社に乗り込み自主交渉を求めた。チッソから交渉を拒否され締め出された後は本社ビル前の路上にテントを張って闘い続け、その期間は一年九カ月に及んだ。最初は自転車に乗り、その後は医師の原田正純から贈られた中古の軽自動車に乗って不知火海沿岸を回り、潜在患者の発掘を続けた。また水俣病問題について差別、人権問題の側面からも発言を続けた。長男の愛一郎によると、自宅には嫌がらせ電話などが多くあったという。一九九九年、肝臓がんで死亡。享年六七。

13 水俣病特別措置法

二〇〇九年に成立した「水俣病被害者の救済及び水俣病問題の解決に関する特別措置法」の略称。自民党から民主党への政権交代が具体的な視野に入る慌ただしい時期に、「廃案となる前に妥協できないか」という与野党の思惑が成立を後押しした。眼目は二つで、一つは国の基準で水俣病と認められない人の中で、一定の症状がある人に一時金二一〇万円を支払うなどの救済条項。一九九五年の政府解決策に続く第二の政治決着だが、特措法による一時金対象者は熊本、鹿児島、新潟で合計約三万二千人に上った。「あたう限りすべて救済」や「不知火海沿岸の健康調査」といった文言も書き込まれたが、「健康調査」は今に至るも「調査の手法を開発中」(環境省)である。二つ目の眼目はチッソの分社化手続きを具体化したことだ。分社化はチッソが悲願としていたもので、患者補償などを行う親会社(チッソ)と事業を営む子会社(JNC)に分離、子会社株の売却益を補償などの原資とする仕組み。「救済が終了し、市況が好転するまで子会社株売却は凍結」とされるが、特措法で初めてチッソ消滅の道筋が具体的に引かれたことになる。特措法との同様の内容で、「ノーモア・ミナマタ訴訟」の水俣病不知火患者会の裁判も約三〇〇〇人の和解が成立した。またチッソとの協議で、一九九五年の政府解決策と同様、四〇〇〇万円から二九億五〇〇〇万円の団体加算金が四つの被害者団体に支払われることになり、配分をめぐって会員から訴訟が起こされた団体もあった。

14　補償協定書

一次訴訟で勝訴した原告団は、それまでチッソ本社で自主交渉を行っていた川本輝夫らのグループと合流して、東京交渉団（田上義春団長）を結成、チッソとの直接交渉を行い、「金はいらん、体を返せ、親を返せ、子どもの命を返せ」などと迫った。交渉は平行線をたどったが環境庁が仲介に乗り出し、環境庁長官三木武夫、衆院議員馬場昇、熊本県知事沢田一精、水俣病市民会議会長日吉フミコの四人が立会人となって一九七三年七月、補償協定書が締結された。内容は患者認定されればチッソは熊本地裁判決と同様に一六〇〇万円、一七〇〇万、一八〇〇万円の三ランクの慰謝料を支払うほか、裁判では解決しなかった将来の生活保障が年金などの形で盛り込まれた。また前文には、チッソは潜在患者の発見に努める、などとうたわれた。現在まで続く補償の基本ルールだが、その後チッソは、民事裁判で勝訴して一部賠償を受けた者がその後行政から認定を受けた場合は協定を適用しない態度をとっている。

15　細川　一

一九〇一年　愛媛県生まれ、東京大学医学部卒。一九三六年　東大の恩師がチッソ創設者野口遵の義弟だった縁でチッソに入社。最初の勤務地は朝鮮北東部の阿吾地《あごち》だった。その後軍医として出征、ビルマで捕虜になる。一九四七年にチッソ水俣工場付属病院長に。水俣地方に多く発生した腺熱の調査研究で各地を回ったことが、その後の水俣病研究にも生かされた。一九五六年五月一日、原因不明の中枢神経疾患の多発を水俣保健所に届けるよう指示した。比較的早い段階から水俣病の原因が自社の工場排水ではないかと疑い、猫実験を開始。一九五九年一〇月六日、アセトアルデヒド製造工程の廃水を直接、猫に投与した猫四〇〇号が発症する。一次訴訟の臨床尋問（がんのため入院中）では、猫の発症を会社幹部に報告したところ、実験の中止を言い渡されたと証言。同尋問での裁判長斎藤次郎の質問に、公式確認翌年の一九五七年ごろから、工場排水が疑わしいと思っていたと答えている。細川の臨床尋問を担当した原告側弁護士坂東克彦が書いた「細川一先生の臨床尋問」によれば、細川は坂東に「水俣病患者のなかにはあるいは患者でない者がまじって入ることがあるかも知れない。しかし、肝心なことは、そうしたことより、入るべき者がぬけてしまってはならないことである。あまりに正確さを求めることは意味がない」と語っている。臨床尋問から三カ月後の一九七〇年一〇月、死去。享年六九。一次訴訟判決を目前にした一九七三年三月、熊本日日新聞のインタビューで、妻光子は「主人はね、無口であまり仕事のことは話したがらなかったのですよ。あとで、裁判で問題になった四〇〇号について『あんときゃ（排水投与で発症したとき）びっくりしたよ。あの時点で公表すべきだったなあ』って言ってましたよ」と語っている。

16　猫四〇〇号

チッソ付属病院長の細川一が行った猫実験で、水俣病を発症した猫の番号。細川が一九五九年七月、触媒として水銀を使っているアセトアルデヒド製造工程と塩化ビニール工程の廃水を直接餌にかけて猫に投与する実験を始めた。発症すれば工場排水が直接の原因であることを実証することになるため、個人の責任で始め、標識にも「係排水」とだけ記した。同年一〇月六日、アセトアルデヒド製造工程の廃水を直接餌にかけた四〇〇号が発症した。細川は病理解剖を九州大学に依頼するとともに、この実験をさらに進めたい意向だったが、裁判の証言などによると、会社から実験の中止を言われ、その後、試料採取もできなくなったという。四〇〇号の発症は社会的に知らされることはなかった。

17　胎児性水俣病

一九五九年三月、熊本大学医学部教授の喜田村正次（公衆衛生学）らが「水俣湾周辺地域において、昭和三〇年以降出生した乳児の中に脳性麻痺様の症状を示す異常児が比較的多数いる」とし、九人の患者を報告したのが、胎児性に関する最初の報告である（橋本、二〇〇〇・一〇三―一〇四頁）。同小児科教授の長野祐憲らも患者一五例を精査、「原因は胎生期にあって、疫学的には水俣病と関係が深い、患児の毛髪水銀値が高い」と指摘した。しかし、一般の脳性麻痺と異なるところがないことから、結論が持ち越されていたが、一九六一年三月、二歳六カ月の女児が死亡、武内忠男らの剖検の結果、胎内で起きた水俣病と結論、認定された。同年、同第一内科や同神経精神科も調査し、水俣で発見された一六例を「同一原因による同一疾患」とした。発生率の異常な高さ、発生時期が水俣病と一致すること、妊娠中に魚介類を母親が多食していること、母親には感覚障害など軽い症状ではあるが神経症状がみられること、家族に水俣病の患者がいることが多い―などから胎児期に胎盤を通してメチル水銀に汚染されたと診断した。汚染が最も濃厚だったと思われる昭和三〇年代前半には死産、流産が多かったほか、出生児の男女の性比の変化も明らかになっている。新潟では熊本の経験を踏まえ、新潟県による早期の受胎調節等が行われた結果、胎児性の報告は一例とされている。新潟水俣病一次訴訟では、受胎調節等の指導を受けた者のうち、不妊手術一人、中絶二人を含む六人が損害賠償を請求し、不妊手術五〇万円、その他については三〇万円の賠償を認める判決が出ている。

18　原田正純

胎児性水俣病を終生のテーマの一つとしたのが医師の原田正純である。鹿児島県出身で、熊本大学医学部の神経精神科で水俣病と出合う。主任教授の立津政順から「生活の場で診る」ことを徹底させられた。一九六一年に初めて水俣市湯堂を訪れ、自然の美しさと病気の悲惨さの対比に驚く。翌年から本格的に胎児性患者と向き合い、一九六五年、胎児性水俣病の研究論文で、日本精神神経学会賞を受賞する。原田は水俣病研究の先導的な役割を担うが、受賞論文も含め、自らの論文について、①患者の発生を時間的にも地理的にも狭く限定した②胎児性を脳性小児まひ型に限定した③その後の経過を追わなかった—と三点の誤りを自ら指摘する解題を加えて出版した（熊本学園大学水俣学研究センター、二〇〇九・一—五頁）。現場主義に立つ柔軟さが原田の持ち味だった。一九九九年、熊本大学医学部助教授から熊本学園大学教授に転身、二〇〇二年に「水俣学」を開講した。「水俣病学」ではなく、「水俣学」としたところに、原田のメッセージがあった。三池CO中毒事件、カネミ油症事件、土呂久ヒ素中毒など、日本近代が生み出した疾患にも向き合った。二〇一二年、急性骨髄性白血病で死去、享年七七。

19　見舞金契約

チッソと水俣病患者家庭互助会との間で一九五九年一二月三〇日に結ばれた。有機水銀説の発表や漁民の補償要求という事態の緊迫化を受けて、熊本県知事の寺本広作らがあっせんした。死亡した成年患者に発病から死亡時までの年数に一〇万円を乗じた金額に弔慰金三〇万円および葬祭料二万円を加算した一時金、生存者には発病から締結時までの年数を一〇万円に乗じた額を一時金とし、以降は毎年一〇万円の年金を支払うなどとし、第四条には将来、チッソの工場排水が原因でないと分かれば打ち切る、第五条には、原因がチッソの工場排水と分かっても新たな補償要求はしない、とあった。これらの文言は、「原因が確定していないので、補償金ではなく見舞金」などとするチッソが出した調停の条件をそのまま受け入れたものだった。患者らは強く抵抗したが、社会的に孤立する中、生活のひっ迫もあり受け入れた。こうしたやり方は、汚染をめぐり漁協との交渉でも繰り返されたやり方だった。見舞金契約は一九七三年三月の一次訴訟判決で、患者らの無知と経済的困窮状態に乗じて極端に低額の見舞金を支払い、その代わりに損害賠償請求権を一切放棄させたものとして、公序良俗違反で無効、とされた。

20　サイクレーター

　チッソが造った排水処理施設で、サイクレーターは商品名。一九五九年七月の有機水銀説発表、漁民らの工場排水の完全浄化設備設置要求、同年一〇月の通産省の指導を受けて一二月一九日に完成させた。完工式では熊本県知事の寺本広作や福岡通産局長を招き、チッソ社長の吉岡喜一が「処理水」と称する水を飲んでみせた。その後の裁判で明らかになったことだが、施工者へのチッソからの注文は、濁った排水を見た目にきれいにすることで、水銀の除去は要求されてはいなかった。結果的にはけん濁物質に付着した一部の水銀は除去されたが、水に溶けたメチル水銀化合物を除去する設計にはなっていなかった。しかし、サイクレーター完成の排水問題への社会的ＰＲ効果は大きく、「水俣病終息」の流れを加速させることになる。のちにこのことを知った寺本は手記の中でこう書いている。「竣工披露の日、チッソの吉岡社長が、サイクレーターから出る廃液をコップに汲んで飲んでみせたのも悪意の演出とは思わなかった。サイクレーターが動き始めると患者はもう出なくなると思った。そして水俣奇病に対する世間の関心も次第に薄れてゆき、会社はいよいよ強腰になる。調停は急がねばならぬ。何年かのちになって、初めてサイクレーターが有機水銀を取り除くことには何の役にも立たぬ装置であることを知った。不明というのほかはない」（寺本、一九七六・一七一頁）。

21 二次研究班

正式名称は「熊本大学医学部10年後の水俣病研究班」。一九七一年六月に発足した。公衆衛生、神経精神科、内科、小児科、耳鼻咽喉科、眼科、病理など九つの講座が参加、班長は武内忠男が務めた。班名の「10年後」が象徴するように、一九五六年に公式確認された水俣病がその後どんな状態にあるかを調べることに眼目があり、公式確認以降の原因究明に当たった研究班に対し、二次研究班と呼ばれた。調査対象地区は、濃厚汚染地区の水俣市湯堂、出月、月浦、次いで水俣の対岸にある天草・御所浦、そしてこれらの対照地区としての天草郡有明町だった。有明町は、不知火海と異なる有明海に面していたところから選ばれた。

22 認定制度

一九五九年の見舞金契約で登場するのが水俣病患者診査協議会だ。民事で言えば当事者間で決められるべき対象者を、国から委嘱された専門家が審査する制度である。法的な裏付けのない、いわば私的な制度で民間医療機関の診断ではチッソの納得が得られないことを考慮したものとされているが、見成立は見舞金契約締結直前の一九五九年一二月二五日で、厚生省公衆衛生局に臨時に設置された。見舞金の受給資格者の選定が役割で、一九六〇年二月の第一回会合で規定が作られ、見舞金を求める者は本人または家族が主治医の意見を添えて申し出て、決定は診査委員の全員一致によると定められた。その後、一九六一年九月に改組されて熊本県に水俣病患者診査会（主管熊本県衛生部）が発足、一九六四年三月には熊本県条例による水俣病患者審査会が設置され、一九六九年一二月に、公害に係る健康被害の救済に関する特別措置法（救済法）に基づく熊本県公害被害者認定審査会となり、公害健康被害補償法（公健法）に引き継がれ、現在に至っている。

23　一次訴訟判決

一九七三年三月二〇日、熊本地裁で言い渡された。チッソを相手に患者家族が損害賠償を求めた初めての裁判で、提訴は一九六九年六月。熊本地裁は判決で、「化学工場は地域住民への危害を未然に防止すべき高度の注意義務がある」と指摘、「工場が事前に廃水を十分に調査し、海の汚染や異常を適切に判断していれば、これほど多くの被害者を出さずにすんだ」とし、患者一人当たり一六〇〇万円、一七〇〇万円、一八〇〇万円の三ランクの賠償を命じた。チッソは判決を前に上訴権を放棄しており、確定した。裁判長の斎藤次郎は判決後、文書で異例のコメントを出し、「企業側とこれを指導監督すべき立場の政治、行政の担当者による誠意ある努力なしに根本的な公害問題の解決はありえない」とした。

24　政府解決策

一九九五年一二月に決まった未認定患者の救済策。水俣病ではないが、一定の症状（四肢末端優位の感覚障害）がある人を対象に一時金二六〇万円、五つの被害者団体に三八億円から六〇〇〇万円の団体加算金を支払う内容。対象者は熊本、鹿児島、新潟の三県で約一万一〇〇〇人。事件史で初の首相談話が出されたが、「的確な対応をするまでに、結果として長期間を要したことについて率直に反省しなければならない」と結果責任を強調することにとどまった。水俣病問題の「最終、全面解決」をうたい、社会党の村山富市首相のもと、自民、社会、さきがけの連立与党三党が主導した。この解決策を唯一拒否したのが関西訴訟グループで、最高裁は二〇〇四年、関西訴訟の上告審で国と熊本県の行政責任を指弾した。

25　チッソ県債

一九七八年、熊本県が県債を発行し、調達した資金をチッソに貸し付け、患者補償に充てる県債方式が始まった。ＰＰＰ（汚染者負担の原則）を維持しながら、経営危機に陥ったチッソを支援するためつくられた。チッソ元副社長久我正一のメモによると、政府関係者が「財政支援は一私企業救済では大義名分がない。坂田（道太）代議士をかついでもっと地元を派手に騒がせよ」などと指示したとされる（花田ら、二〇一六・六七―七五頁）。当初、国は「真水（国費）は絶対入れない」としていたが、やがて制度は破綻状態となり、公的債務のうち自力返済できない分を国の補助金と地方財政措置で毎年肩代わりし、一九九五年の政府解決策の一時金のうち国が補助した約二七〇億円の返済も免除する措置が二〇〇〇年に閣議了解された。二〇一七年三月末で、患者補償のための県債など六種類ある県債の償還予定総額は約三七四七億円、償還累計約一五二八億円、未償還額は約二二一九億円に上っている。政府は二〇一八年二月、水俣病特別措置法に基づく水俣病認定患者救済で熊本県から借り入れた九九三億円について、先に借り入れた公的債務を完済するめどが立つまで返済開始を再猶予する支援措置を決めた。「補償遂行」が目的だが、チッソ支援の異例の措置が続いている。

26　ヘドロ処理

一九七三年の第三水俣病問題で起きた水銀パニックに関連し、翌一九七四年に設けられたのが水俣湾の仕切り網だ。メチル水銀に汚染された魚を封じ込めるため、水俣湾と不知火海との間、二三五〇メートルに設置された。しかし航路を確保するため開口部があったほか、写真や映像では網の目をすり抜ける魚が確認されている。熊本県は一九七七年、懸案となっていた水俣湾に堆積するヘドロを処理する水俣湾公害防止事業を開始する。チッソから水俣湾に流された水銀はチッソが詳しい資料を出していないために分からないが、七〇トンから一五〇トン、あるいは四〇〇トン前後とする研究者もいる。環境庁の暫定除去基準から算定された総水銀二五ｐｐｍ以上のヘドロをしゅんせつし、五八㌶の海面を埋め立てた。ヘドロの上を合成繊維のシートで覆い、山土で覆土、あわせて湾内の水銀濃度が高い魚介類もドラム缶に詰めて埋め立てた。工事をめぐっては二次汚染の恐れを抱く住民が工事差し止めの仮処分を申請。このため二年間余り中断したが、一九九〇年、総工費約四八〇億円で完成した。同様に水銀ヘドロのしゅんせつを行った山口・徳山湾では除去基準が一五ｐｐｍ。水俣との違いは溶出率の違いなどとされた。海との境には中に砂を詰めた円筒状の鋼矢板が打ち込まれ、当初、腐食などのために耐用年数は五〇年とされたが、熊本県は現時点での問題はない、との姿勢だ。また、地震による液状化などの影響も「環境への影響は小さい」としている。水銀に関する水俣条約が発効した今、無処理で覆土しただけの水銀を完全処理すべきだという指摘がある。

27 水銀に関する水俣条約

地球規模で水銀汚染を防止しようと二〇一三年一〇月、熊本市で開かれた「水銀条約外交会議」で採択され、日本を含む五〇カ国の批准を経て二〇一七年八月、条約が発効した。同九月には第一回締約国会議（ＣＯＰ１）がスイス・ジュネーブで開かれ、胎児性患者の坂本しのぶらが参加した。

28　二〇一三年の最高裁判決

認定申請を棄却された女性二人の遺族が、熊本県に水俣病と認定するよう求めた二件の訴訟の上告審判決で、最高裁は二〇一三年四月、「認定基準は迅速、適切な判断のためという限度で合理性があるが、複数症状の組み合わせがなくても水俣病と認定する余地がある」としたうえで、「感覚障害だけの水俣病が存在しないという科学的実証はない」として、感覚障害のみで水俣病と認めた。行政認定より救済の幅を広げる内容だったが、環境省は「認定基準は否定されていない」として見直しを否定、単一症状しか認められない場合の基準運用を新通知で示したものの、毛髪やへその緒に残存するメチル水銀値で汚染を裏付けることなどを求める内容で、最高裁判決の趣旨を狭めるものだと被害者団体から批判されている。

29　五二年判断条件

一九七七年、環境庁環境保健部長通知として示された「後天性水俣病の判断条件」。昭和五二年だったことから、「五二年判断条件」と呼ばれている。水俣病の判断をめぐっては、一九七一年に「有機水銀の影響を否定し得ない場合は認定」「症状の軽重を考慮する必要はない」とした環境庁の事務次官通知がある。こちらも昭和四六年だったことから「四六年次官通知」と呼ばれるが、五二年判断条件では手足の感覚障害のほか、運動失調や視野狭窄など複数の症状の組み合わせを求め、これ以降、大量の棄却者が出ることになった。一九八五年の二次訴訟の福岡高裁判決など司法の場では五二年判断条件を「厳格に失する」などと批判する判決が相次いだが、国は「司法と行政は別」として見直しを拒否。二〇〇四年の最高裁判決でも国の基準より広く被害を認めたが、国は「基準は否定されていない」との態度をとった。

30　暫定規制値

一九七三年の第三水俣病事件をきっかけに魚介類の暫定規制値が設けられた。同年六月、「魚介類に関する水銀専門家会議」が総水銀０・４ｐｐｍ、メチル水銀０・３ｐｐｍと決めた。議論の中でマグロ類の水銀値については「摂取の態様からみて」規制値の適用外とされた。寿司文化という日本の特質と大型魚が持つセレンの中和作用を考慮する声が背景にあったとされる。現在の分析法では魚介類中の水銀はほぼ一〇〇％メチル水銀とされるが、暫定とされた規制値は、四〇年以上経つ今も暫定のまま。暫定基準を変えない理由について厚生労働省は「規制値を超える魚がおらず、変更が必要なことではない。妊婦などへの注意喚起で十分と考える」としており、厚労省は二〇〇五年、妊婦を対象に魚介類の食べ方に関する注意事項を発表。示した目安は水銀濃度が高い傾向にあるキンメダイやクロマグロなどは週八〇《グラム》まで、ミナミマグロやマカジキは週一六〇《グラム》までとしている。

31　足尾鉱毒事件

足尾銅山（栃木県）は一八七七（明治一〇）年、古河市兵衛が取得。その後大鉱脈が発見され、日本一の銅産出を誇った。富国強兵、殖産興業の掛け声の中、銅山のばい煙で山から木々が消え、渡良瀬川には鉱毒が流れた。政府は操業を停止させることはなく、逆に下流の谷中村を強制収容して遊水池とした。被害民は三〇万人ともされ、代議士・田中正造（一八四一―一九一三）は度々、帝国議会で追及、やがては天皇直訴も計画する。「真の文明ハ山を荒らさず、川を荒らさず、村を破らず、人を殺さざるべし」。田中正造が死ぬ前年の一九一二年に記した言葉である。山本義隆著『近代日本一五〇年』（岩波新書）にはこんな記述がある（八七頁）。「一九〇五（M38）年一月二三日、農商務省鉱山局長・田中隆三は衆議院鉱業法務委員会で『鉱業と云ふものは、其国家の一つの公益事業と認めている。従って其事業の結果として、他の人が多少の迷惑を受けるということは仕方がない』と明言している」

32　石牟礼道子

一九六九年一月に、講談社から刊行された『苦海浄土　わが水俣病』の著者で、同書は水俣病事件が広く注目を集めるきっかけにもなった。ノンフィクションやルポルタージュと異なる手法で、患者と家族の置かれた状況と暮らしを不知火海の風景、歴史の中から両手ですくい取るようにして心の中に沈殿させ、文字として発酵させた。池澤夏樹個人編集の『世界文学全集』（河出書房新社）に日本からただ一人収められ、藤原書店も三部作をまとめて出版した。原型は一九六〇年に詩人谷川雁が主宰する『サークル村』に、その後渡辺京二編集の雑誌『熊本風土記』に一九六五年一二月から一九六六年いっぱい連載された。石牟礼はこのほか、独自の文体と感性による多くの作品を執筆し、二〇一八年二月一〇日、パーキンソン病による急性増悪《ぞうあく》のため亡くなった。享年九〇。

（番外・以下は本文に直接の言及はないが、密接な関連があるので説明を付けた）

第三水俣病事件

一九七三年五月、熊本大学医学部の「10年後の水俣病研究班」、いわゆる二次研究班の班長の武内忠男が報告の総括で、研究班が対照地区として選んだ天草の有明町に水俣病患者と同様の症状を持つ住民がおり、「これを有機水銀中毒症とみうるとすれば、新潟水俣病に次いで第三の水俣病ということになり」と書いたことから、第三水俣病問題が燎原《りょうげん》の火のように広がった（熊本大学医学部10年後の水俣病研究班、報告書（第2年度）一九七三・Ⅵ総括）。水銀パニックが全国で起き、福岡・大牟田や山口・徳山湾、新潟・関川などで「水俣病の疑い」のある患者が相次いで報告された。背景には水銀を使う工場が全国に数多く存在していたことがある。環境庁など四省庁の調査団が熊本に派遣され、調査を始め、六項目にわたり報告書の疑問を列挙、同年七月には環境庁の検討会が発足、八月に第二次研究班が指摘した二人について水俣病の「シロ判定」を行い、以後、順次否定していった。この事件はその後、認定基準の変更にもつながっていったほか、全国のカセイソーダ工場の水銀電解法から隔膜法への転換、魚介類の暫定規制値設定、水俣湾の仕切り網とヘドロ処理などさまざまな分野に影響した。

水俣病を告発する会

一九六九年四月に発足。一次訴訟の提訴(一九六九年六月)直前、水俣在住の作家石牟礼道子から患者支援要請を受けた渡辺京二らが組織した。代表は高校教師の本田啓吉。機関紙「告発」第一号は一九六九年六月二五日付。患者家族紹介は、石牟礼が書く一次訴訟原告団長の「渡辺栄蔵さん」で、見出しは「はにかむ老少年」。以後、石牟礼はこのコーナーで患者家族の紹介を続ける。第一号には石牟礼の「復讐法の倫理」もあり、「銭は一銭もいらん。そのかわり会社のえらか衆の上から順々に有機水銀ば呑んでもらおう」という患者家族の言葉を紹介している。後記には「告発する会は水俣病を自らの課題として自らの責任でたたかう行動者の会である」とある。告発の精神を象徴するのが一九六九年四月に渡辺京二、小山和夫の連名で出された一枚のビラと「告発」第二号の本田代表の「義勇兵の決意」である。チッソ水俣工場への座り込みを呼び掛けるビラには、「水俣病問題の核心は何か。金もうけのために人を殺したものは、それ相応のつぐないをせねばならぬ。ただ、それだけである」とある。本田代表はこう書いている。「敵が目の前にいてもたたかわない者は、もともとたたかうつもりなどなかった者である。そんならもう従順に体制の中の下僕か子羊になるがよい。ひとことでも体制批判のことばをはいて自己満足することはやめにしたがよい。そうわたしは自分に言い聞かせ、水保《ママ》市民会議の人たちが患者家族と共にととのえた戦列に参加することを決意した」。「患者の思いを晴らす」が会の活動方針の根底にあり、裁判支援、厚生省の補償処理委員会への抗議行動、自主交渉支援、チッソ株主総会への乗り込みなど徹底した直接的行動をとった。月刊の「告発」は最高発行部数一万九〇〇〇部を記録、全国に告発する会が結成されたが、熊本の会が指導するものではなく、各地の告発は独自の判断で行動した。公害反対運動、大学の全共闘運動の高揚と退潮、べ平連などの市民運動といった社会の動きもまた反映されていた。「告発」は補償協定書が締結された一九七三年七月の翌八月二五日付の四九号で終刊号となった。

一株運動

一九七〇年一一月二八日に大阪厚生年金会館で開かれるチッソの株主総会に患者家族を送り込もうと計画された。東京・告発する会の弁護士後藤孝典が提案。裁判は代理人のやりとりが主で、直接、社長らチッソの経営幹部に発言できない患者家族にとって、株主総会は直接社長にもの申すことができる場になることから賛同した。一株運動はたちまち全国に広がり、高校生も株主になるなど約五五〇〇人が株主に。患者家族は田中義光が御詠歌を指導、巡礼の白装束に身を包み会場に入った。総会そのものはわずか数分で終了したが、続く説明会で患者家族の怒りが爆発。浜元フミヨが両手に父母の位はいを持ち、チッソ社長の江頭豊に迫った。「両親《ふたおや》ですぞ、両親。親がほしい子供の気持ちが分かるか」。会場の内外とも騒然とした雰囲気となったが、圧倒的だったのはやはり患者家族の訴えだった。

もやい直し

もやい直しは、船のロープをくくり直すこと。一九九四年五月一日、水俣病犠牲者慰霊式で、水俣市長吉井正澄が「犠牲になられた方々に対し、十分な対策を取り得なかったことを、誠に申し訳なく思います」と、市政の責任者として初めて謝罪、続けて「今日の日を市民みんなが心寄せ合う『もやい直し』の始まりの日といたします」と述べたことから、地域社会の関係を修復する施策を象徴する言葉となった。漁師で患者の緒方正人との会話の中から出てきた言葉だったが、もやい直しを提唱しなければならないほど、チッソ中心の地域社会の中で市民感情が複雑にもつれ合い、市民間の亀裂が深いということでもあった。申請や患者の行動に対して「金目当て」などという声はその後も起き、亀裂の深さをうかがわせている。

弦書房

出版案内

2025年

『不謹慎な旅２』より
写真・木村聡

弦書房

〒810-0041　福岡市中央区大名2-2-43-301
電話　092(726)9885　FAX　092(726)9886
URL　http://genshobo.com/　E-mail　books@genshobo.com

◆表示価格はすべて税別です
◆送料無料（ただし、1000円未満の場合は送料 250円を申し受けます）
◆図書目録請求呈

◆渡辺京二史学への入門書

渡辺京二論 隠れた小径を行く

三浦小太郎　渡辺京二が一貫して手放さなかったものとは何か。「小さきものの死」から絶筆『小さきものの近代』まで、全著作を読み解き、広大な思想の軌跡をたどる。

2200円

渡辺京二の近代素描4作品（時代順）

＊「近代」をとらえ直すための壮大な思想と構想の軌跡

日本近世の起源 戦国乱世から徳川の平和へ【新装版】

室町後期・戦国期の社会的活力をとらえ直し、徳川期の平和がどういう経緯で形成されたのかを解き明かす。

1900円

黒船前夜 ロシア・アイヌ・日本の三国志【新装版】

◆甦る18世紀のロシアと日本　ペリー来航以前、ロシアはどのようにして日本の北辺を騒がせるようになったのか。

2200円

江戸という幻景【新装版】

江戸は近代とちがうからこそおもしろい。『逝きし世の面影』の姉妹版。

1800円

小さきものの近代 1・2（全2巻）

明治維新以後、国民的自覚を強制された時代を生きた日本人ひとりひとりの「維新」を鮮やかに描く。第二十章「激化事件と自由党解党」で絶筆・未完。

各3000円

潜伏キリシタン関連本

【新装版】かくれキリシタンの起源 信仰と信者の実相

中園成生　「禁教で変容した信仰」という従来のイメージをくつがえす。なぜ二五〇年にわたる禁教時代に耐えられたのか。

2800円

FUKUOKA Uブックレット⑨

かくれキリシタンとは何か オラショを巡る旅

中園成生　四〇〇年間変わらなかった信仰——現在も続くかくれキリシタン信仰の歴史とその真の姿に迫るフィールドワーク。

680円

アルメイダ神父とその時代

玉木譲　アルメイダ（一五二五〜一五八三）終焉の地天草市河浦町から発信する力作評伝。

2700円

天草島原一揆後を治めた代官 鈴木重成

田口孝雄　一揆後の疲弊しきった天草と島原で、戦後処理と治国安民を12年にわたって成し遂げた徳川家の側近の人物像。

2200円

天草キリシタン紀行 﨑津・大江・キリシタンゆかりの地

小林健造［編］﨑津・大江・本渡教会主任司祭［監修］　隠れ部屋や家庭祭壇、ミサの光景など﨑津集落を中心に貴重な写真二〇〇点と四五〇年の天草キリスト教史をたどる資料

Ⅱ

見ていた世界を見るために

Ⅱの1は坂本しのぶさん、2は浜元二徳さんに関するものだ。3は二〇一八年二月に亡くなった石牟礼道子さんについて、4は二〇一七年に熊本市であった「水俣病展2017」についてである。坂本しのぶさんは二〇一七年九月、水銀に関する水俣条約の第一回締約国会議で意見発表するため、スイス・ジュネーブに向かった。しのぶさんは、一九七二年六月には国連の人間環境会議に関連して開かれた人民広場集会などに参加するため、スウェーデンのストックホルムを訪問している。このストックホルム行には水俣から患者の浜元二徳さんも一緒だった。その浜元さんはしのぶさんがジュネーブに向かった二〇一七年九月、水俣市内の施設にいた。ストックホルム訪問から四五年という時間が経過している。浜元さんは今、何を思っているか。石牟礼さんが残したものは何か、「水俣病展2017」では何が語られたか。8のテーマの「繰り返される不作為」「予防に勝る対策なし」「言葉を心に沈殿させる」に関連するコーナーでもある。しのぶさんと浜元さん、そして石牟礼さん、それぞれが見ていた世界は何か、紡ぎ出される言葉に耳を傾ける。石牟礼さんの稿は『週刊金曜日』（二〇一八年三月三〇日号）に加筆した。

1 坂本しのぶさんと水俣条約

坂本しのぶさんは公式確認の一九五六年、水俣市湯堂に生まれた。胎児性水俣病患者。姉の真由美さんは一九五八年、四歳半で亡くなった。しのぶさんは一九七二年、スウェーデン・ストックホルムで浜元二徳さんらと一緒に被害の深刻さを訴えた。当時一五歳だった。一九七八年には「若い患者の会」で歌手の石川さゆりさんの歌謡ショーに取り組み、還暦を迎えた二〇一六年には「若かった患者の会」で再び石川さゆりさんのコンサートを開いた。そして二〇一七年九月にはスイス・ジュネーブにいた。今なお問題が解決していない現状と、水銀の怖さを世界に訴えるためだ。ジュネーブへの同行記は熊本日日新聞社東京支社の内田裕之記者、「水銀に関する水俣条約の成立過程と問題点」は本社編集局の井芹道一記者が担当した。

坂本しのぶさん、スイス・ジュネーブへ

内田裕之

それは魂の叫びにも思えた。

「お、お、お母さんの、お、おなかの中で、水俣病になりました。水俣病は、終わっておりません。水銀のことを、ちゃんと、してください」

のどを締め上げ、絞り出される一言一言。出席者が息をのみ、しんとした会場に染み入るように響いていく。

声の主は、胎児性水俣病患者の坂本しのぶさん（六一）＝水俣市＝だった。か細い体をよじり、切々と思いをぶつけていた。演説が終わると、盛大な拍手がわき起こり、涙を浮かべた出席者も少なくなかった。

郵　便　は　が　き

料金受取人払郵便

福岡中央局
承　認

18

差出有効期間
2026年２月
28日まで
（切手不要）

８１０-８７９０

156

福岡市中央区大名
二－二－四三
ELK大名ビル三〇一

弦書房

読者サービス係　行

通信欄

年　　月　　日

このはがきを、小社への通信あるいは小社刊行物の注文にご利用下さい。より早くより確実に入手できます。

お名前

（　　歳）

ご住所

〒

電話　　　ご職業

お求めになった本のタイトル

ご希望のテーマ・企画

●購入申込書

※直接ご注文（直送）の場合、現品到着後、お振込みください。
送料無料（ただし、1,000円未満の場合は送料250円を申し受けます）

書名	冊
書名	冊
書名	冊

※ご注文は下記へＦＡＸ、電話、メールでも承っています。

弦書房

〒810-0041　福岡市中央区大名2-2-43-301
電話 092(726)9885　FAX 092(726)9886
URL http://genshobo.com/　E-mail books@genshobo.com

水俣条約の第１回締約国会議の総会で演説する坂本しのぶさん（2017年9月25日、スイス・ジュネーブ、熊本日日新聞社提供）

スイス・ジュネーブで二〇一七年九月二四日に開幕した「水銀に関する水俣条約」の第一回締約国会議（ＣＯＰ1）。ジュネーブ国際会議場のメイン会場で行われた演説は集まった各国の政府関係者らに、水銀被害の深刻さをあらためて知らしめた。

演説を聞いた国連環境計画（ＵＮＥＰ）のイブラヒム・ティアウ事務局次長は後日、しのぶさんと面会し、「会議の中で一番大事なメッセージだった。あなたのための条約です」と語った。悲劇の実態を伝えることを自らに課した胎児性患者の訴えが世界に届いたことを象徴するような言葉だった。

今の私を見て

「疲れたけど、頑張りたいと思います」。九月二二日午後七時ごろ、しのぶさんはスイスのジュネーブ空港に降り立った。二三日朝に福岡市の福岡空港を発ち、フィンランドのヘルシンキ空港で乗り換えて計約一五時間。長旅に苦笑いを浮かべながらも、強い意気込みをにじませた。

水俣条約は、二〇一三年一〇月に水俣、熊本両市で開いた外交会議で採択された。三五の条文と五つの付属書で構成し、採掘から廃棄まで全ての段階で規制措置を規定。前文には「水俣病の教訓を認識し、水銀を適正管理することで水銀汚染による健康被害を防ぐ」との文言を盛り込む。

採択後、各国は国内法を整備して締結作業を進める。日本は二〇一六年二月、二三番目に締結した。そして、二〇一七年五月、最大排出国の中国や米国、EU各国も含めて発効に必要な五〇カ国に達し、条約の規定に基づき九〇日後の八月一六日に発効。合わせて条約を実際に運用していく細かなルールづくりのため、COP1の開催が九月二四日から二九日に決まった。

条約の原点と言える水俣病。COP1の暫定事務局を務めていたUNEPは過去の経緯や現状を見つめて今後の水銀対策に生かそうと、会期中の公式行事として「水俣への思いを捧げる時間」を設定する。二八日午後に開く閣僚級会合直前の一時間、水俣からの関係者らにスピーチをしてもらう計画だった。

しかし、日本の環境省はスピーチ役に被害者を推薦していなかった。七月のCOP1に向けた事前会合でそのことを知ったNPO法人水俣病協働センター理事の谷洋一さん（六九）が「条約に魂を入れるためには当事者が出席する必要がある」と事務局側に訴え、白羽の矢が立ったのがしのぶさんだった。

しのぶさんは当初、悩んだ。還暦を過ぎ、以前に比べて歩くのが困難になり、人の支えや歩行器が欠かせない。言葉も出づらくなっており、健康面の不安は大きかった。

それでも「行こう」と決断する。「いつまで歩けるか分からない今の私をちゃんと見てほしい。今行かんといかん」。八月に水俣市で記者会見を開き、自身を突き動かした使命感を語った。

ジュネーブには、谷さんのほか、普段からしのぶさんの支援に携わる谷さんの長女由布さん（三六）、通訳として熊本同時通訳者協会代表の最相博子さん（六九）らが同行し、しのぶさんの活動を支えることとなった。

「水俣への思いをささげる時間」には環境省からの推薦で、同省の「水俣条約親善大使」に任命された水俣高二年の澤井聖奈さんと西田弘志水俣市長も招かれた。

一緒に頑張りましょう

ジュネーブ到着から一夜明けた二三日は、真青な空が広がった。同じ時期の熊本に比べるとひんやりとしていたが、日本の晩秋のようで過ごしやすい気候だった。

しのぶさん一行が宿泊したホテルは、ジュネーブで最も大きなコルナヴァン駅から徒歩約五分。周辺には石造りのヨーロッパ建築が並び、ロレックスやオメガなどスイスの高級時計店も目に入る。路地に入れば、中国や韓国、トルコなどさまざまな国の料理店が軒を連ねていた。歩いている人種もさまざまだ。国際機関が集中し、外国人が住民の半数近くを占めるというジュネーブの多様性を思わせた。

ＣＯＰ１の会場となるジュネーブ国際会議場までは路面電車で向かった。電車の出入り口にはステップが設けられ、車いす移動だったしのぶさんも比較的スムーズに乗り降りできた。コルナヴァン駅前から乗り込むと、一〇分程度で到着。すぐ近くには国連ヨーロッパ本部があり、各国の国旗がはためく姿を観光客らが写真に収めていた。

会場でＣＯＰ１の参加手続きを済ませると、水銀を含めた残留性有機汚染物質ＰＯＰｓ廃絶を目指す非政府組織（ＮＧＯ）ネットワーク「ＩＰＥＮ」（事務局・米国）の会合に顔を出した。一二〇カ国六〇〇団体以上で組織するＩＰＥＮは、ＮＧＯを代表してＣＯＰ１への参加が決まっていた。水俣病協働センターも会員。そうした縁でしのぶさんは二八日のスピーチのほかに、ＩＰＥＮの一員としてＣＯＰ１自体にオブザーバー参加することになっていた。

会合には、米国やインドネシアなどから約三〇人が集まった。水俣、熊本両市であった採択会議などで知り合った顔なじみのメンバーもいて、抱き合って再会を喜ぶ姿があった。しのぶさんにも自然と笑みが広がる。

「水銀のことを一緒に考えましょう。皆さんも一緒に頑張っていきましょう」。会合の冒頭、しのぶさんはさっそく訴えた。水俣病患者を初めて目の当たりにする参加者もいて、皆しっかりと耳を傾けていた。

初めて患者の話を聞いたというケニアのＮＧＯで活動するグリフィンズ・オチエンさんは「実際に姿を見て、水銀被害の深刻さをまざまざと感じた。水銀政策に関わるいろんな国の人たちが直接会う意義は大きいだろう」と歓迎した。

何度同じことを

ただ、開幕を翌日に控え、しのぶさんの目に悔し涙があふれた。会合を終えて、二度目となるヨーロッパ訪問の感想を話していた時だった。

しのぶさんは一九七二年、スウェーデン・ストックホルムで開かれた国連人間環境会議に出席。身をもって水俣病を世界に伝えた。それからほぼ半世紀。当時、一五歳だった少女は還暦を過ぎ、再びヨーロッパまでやってきた。

「あの時みんなに知ってもらったことが、水俣条約につながったと思う」。そんな感慨を口にするしのぶさんだったが、歯がゆさもあらわにした。

「四五年も経つのに、まだ同じことを言わんといかん。同じことばっか。とても悔しい」

国が正面から向き合わず、いまだ解決に至らない水俣病。万全ではない体を押してでも訪れなければならない水銀を巡る日本、そして世界の状況。しのぶさんは何度も何度もそうした現状を改善するよう、さまざまな機会に訴えてきた。

それなのに…。車いすに乗ったしのぶさんは不条理さに憤り、体を震わせておえつを漏らしたのだった。

世界に向けた三分間

一五〇以上の国・地域から約一二〇〇人が参加するCOP1の開幕日となった二四日、谷さんは朝から会場内をせわしなく動き回っていた。初日の総会は会期中でも出席者が最も多く集まる機会の一つ。「用意された一度のスピーチだけでは不十分。少しでもたくさんの人に患者本人の声を聞いてもらうことに意味がある。その絶好の場だ」と考えていたからだ。

事前にIPENの協力を取り付けていた谷さんはCOP1の事務局にも働き掛け、IPENなどNGOの発言時間を使ってしのぶさんが演説することをこの日の朝までになんとか了承を得たのだった。

長さが三メートル以上あるスイスの伝統的な管楽器「アルプホルン」の柔らかな調べがCOP1の開幕を告げる。約一〇〇〇席あるメイン会場は、各国の政府関係者らでいっぱいになっていた。総会では各国が自国の現状などを次々と報告していく。

三時間近くが過ぎた時だった。進行役を務めていたUNEPのティアウ事務局次長が切り出した。

「坂本しのぶさんが来ています。子宮の中で暴露した胎児性の患者です」

会場中段の端に座っていたしのぶさん。その所在を探す出席者の目線が徐々に集まってくる。周りをＩＰＥＮのメンバーがぐるりと囲み、谷さんらが作った「NO MORE MINAMATA」（ノーモア水俣）と英語で書かれたチラシを掲げていた。世界に向けた演説が幕を開けた。

「私は、坂本しのぶです。あ、あ、あたしも、（胎児性患者の）みんなも、どんどん悪くなっていきます」

しのぶさんは一行ずつゆっくりと話し、最相さんが訳していく。

「たくさんの人が、闘っております。私は、言いたいことがあって来ました。女の人と、子どもを、守ってください」

以前より歩くのが難しくなったことや言葉が出づらくなったこと、水俣病を巡る裁判が続いている現状を精いっぱい訴えた。

約三分間の短い演説。しかし、会場はこの日一番の拍手に包まれた。

伝わった思い

「水俣で何が起きたのかを知った。全ての人に二度と水銀被害が起きないように、という強い思いが伝わってきた」。演説後、ボスニア・ヘルツェゴビナの政府職員アズラ・ロゴビッチ・グルビッチさんは、かみしめるように語った。一方で、同国は条約を締結していなかったが、「年内の締結に向けて作業を急ぎたい」と誓った。

ほかにも感動や決意の言葉が相次いだ。

「じかに話を聞き、環境の中に水銀があってはいけないと強く感じた。（水俣病と）闘い続けてきた姿を伝えたいし、世界はしっかり受け止めないといけない」（リベリアの政府職員ジョン・ジャラジュニアさん）、「水銀でもうけている人がいる一方、苦しんでいる人がいることをあらためて心に刻んだ。水銀の規制をより強めていきたい」（スイスの政府職員マリアス・ウィハーさん）…。しのぶさんのメッセージは、少なくない人たちの心を確かに動かしたのだった。

翌二五日、しのぶさんと面会したＵＮＥＰのティアウ事務局次長は「あなたのメッセージは必ず全世界の人に届く。再び水俣病を起こしてはならない」と、優しい口調ながらも確固たる決意を伝えた。

その場で、一二月にケニア・ナイロビで開かれる国連環境総会の時に上映するメッセージビデオへの出演を依頼。同行したＵＮＥＰ職員も知らなかった突然の提案が、しのぶさんの言葉にこもった訴求力を物語った。ビデオには世界の公害被害者らが出演し、しのぶさんは後日メッセージを収録した。

水俣病繰り返させない

二六日、水俣高二年の澤井さんと西田水俣市長もジュネーブ国際会議場に姿を見せた。二人は会議の模様を見学した後、環境省が会場内に設けたPRブースで決意を語った。ブースには、水俣高校の生徒が英語で寄せた「公害はもう起こしてはいけない」などのメッセージや水俣市の小学生が水銀対策をテーマに描いたイラストなどが並んでいた。

水俣で生まれ育った澤井さん。幼いころから患者や水俣市立水俣病資料館の語り部らと接する機会があり、高校生になると水俣病を題材にした詩の朗読会に参加したこともあった。

「若い世代に語り継いでいってほしい」。そうした機会に語り部らから投げ掛けられ、心に残っていた言葉。「自分もいつか発信しなければ」と思っていた。そこに舞い込んだまたとないチャンス。「言葉に気持ちを込めて、水銀の恐ろしさを伝える。水俣病を繰り返さないというメッセージを世界に届けたい」

西田市長も「水俣病を経験した水俣市が発信するから伝わることがあると思う。各国が条約を守ることにつながるよう少しでも力になりたい」と語った。

続く水銀被害

会期中、しのぶさんは各国の政府関係者と積極的に対話を続けた。二七日には、IPENとインドネシア政府が開いた意見交換会に足を運んだ。しのぶさんはここでも「ちゃんとしてほしい」と、水銀対策にきちんと取り組むよう促した。

しかし、思い知らされたのは、対策が遅れている世界の現実だった。

「小規模金採掘（ＡＳＧＭ）の現場で水銀被害を受けていると疑われる人たちに会うことはよくある」。意見交換会の後、真剣な面持ちでしのぶさんの話を聞いていたインドネシア政府高官のヨハネス・プラバンカラさんが打ち明けた。調査をしていないため被害の実態は分かっていないという。

ＵＮＥＰによると、世界の水銀被害で最も深刻なのが、このＡＳＧＭによるものだ。砂金と水銀を混ぜた合金を熱し、水銀を蒸発させて金を取り出す方法が用いられている。

アジアやアフリカ、中南米など途上国を中心に七〇カ国以上で、女性や子どもを含む一五〇〇万人が従事しているとみられる。貧困国では、ほかに仕事がなく、水銀の危険性に対する知識も周知されないままに続けられている。

ＩＰＥＮが会期中に発表した二五カ国の出産可能年齢（一八〜四四歳）の女性約一〇〇〇人の毛髪調査の結果では、四二％から米国環境保護局（ＥＰＡ）の安全基準である一ｐｐｍ以上の水銀を検出。マーシャル諸島など魚をよく食べる太平洋の島しょ国の対象者二三九人でみると、八六％の二〇九人が基準を超えており、他地域に比べて割合の高さが目立った。ＩＰＥＮは、大気中への水銀排出量がＡＳＧＭに続いて多い石炭火力発電所など「化石燃料の燃焼」を主因に挙げ、「排出された水銀が海に入って魚の中に取り込まれ、食物連鎖で高度に濃縮された可能性が高い」と分析する。

ＵＮＥＰも日本や欧米、アフリカなどの三三カ国・地域の水銀廃棄物の処理に関する報告書を公表。多くの途上国で温度計などの水銀製品がほかのごみと一緒に処理されるといった不適切なケースを明らかにした。

水俣病の原因となった有機水銀の一つのメチル水銀は、地球規模の循環の中でも発生する。環境省によると、ＡＳＧＭや化石燃料の燃焼などで揮発性が高い金属水銀が大気中に放出され、化学反応を起こして一部が無機水銀に変化。海や湖に落ちた後、さらに微生物の働き次第で、メチル水銀になるといった流れがその代表例だ。

水銀汚染が多様な形で広がる現実。谷さんは水俣条約の締約国数が開幕前の九月二〇日時点で七六カ国にとどまっていることを踏まえ、「条約が発効し、ようやくスタートラインに立ったに過ぎない。世界で実効性のある取り組みを進めるには、まずは締約国をもっと増やさないといけない」と課題を口にする。

つかの間の休日

ジュネーブ入り後、さまざまな関係者から面会の申し出もあり、目まぐるしい日々を送っていたしのぶさん。九日間の滞在中、一日だけとれた休みに市内を観光した。

その日は朝から、高さ約一四〇メートルまで吹き上がる噴水で有名なレマン湖や細い路地の石畳が美しい中世の面影を残す旧市街、一二～一三世紀に建てられたサン・ピエール大聖堂をのんびりと散策した。由布さんらに車いすを押してもらったしのぶさんはつかの間の休息に、緊張がほぐれたように屈託ない笑顔を見せていた。

一方、食事には少し苦労した。スイス料理の中で有名なチーズフォンデュにいたっては、チーズが苦手なしのぶさんは手を付けられない。結局、現地での一番のお気に入りは韓国料理店での焼き肉と白ご飯だった。

会期終盤になると、「水俣に帰ったら、おいしいみそ汁が食べたい」と苦笑しながら漏らすこともあった。

仲間の思い胸に

ジュネーブ国際会議場内の会議室に、各国の政府関係者ら約一五〇人が集まっていた。二八日午後一時、「水俣への思いをささげる時間」がいよいよ開始されようとしていた。

しのぶさんは会場入りの直前、出発前に仲間から贈られた白いTシャツに身を包んだ。きよこ（加賀田清子さん）、かねこ（金子雄二さん）、いさむ（長井勇さん）、おにつか（鬼塚勇治さん）、滝下昌文、半永（半永一光さん）、永本賢二…。胸には、胎児性患者七人が不自由ながらも自分が書ける文字を懸命に記してくれた色とりどりのサインが並んだ。水俣からの思いのこもった後押しに、気持ちを奮い立たせた。

そして、一〇分間のスピーチが始まった。

私は坂本しのぶです。水俣から来ました。お母さんのおなかの中で水俣病になりました。胎児性水俣病です。

みんなと同じにできません。走ったり、水俣病になっとらんば、いろんなことができたのになと思えば、悔しいです。(原因企業の)チッソは絶対に許せません。

私は一五歳の時に(国連人間環境会議で)スウェーデンに行きました。水銀の恐ろしさを伝えに行きました。六一歳になりました。

(胎児性患者は)みんなどんどん悪くなっています。みんな歩けなくなりました。このTシャツ(のサイン)は胎児性の人が書いてくれました。みんなの気持ちを持ってきました。私も悪くなっています。これが最後と思って来ました。

何べんも何べんも言ってきました。水俣病は絶対に終わっておりません。

今も裁判で闘っている人がおります。水銀が埋め立て地にあります。県も国も何もしておりません。患者の気持ちになってやってください。

水俣病は終わっておりません。

公害を起こさないでください。女の人と子どもを守ってください。一緒にしていきましょう。

(スピーチ全文)

車いすの上で必死に声を振り絞り、メッセージを紡いだ。水俣病が公式確認された一九五六年生まれ。水俣病の歴史と重なるこの六一年の人生を言葉にしっかりと乗せた。

「水俣病は終わっておりません」と、あえて二度繰り返した。

各国の閣僚級や政府関係者らはまぶたに焼き付けるかのようにまっすぐしのぶさんを見つめていた。動画に収める姿もあった。

スピーチが終わると、割れんばかりの拍手を送られた。次々と感銘の言葉を伝えられ、ハグを求められもした。ほっとしたしのぶさんは頬をぬらしていた。うれし涙だった。

悲劇忘れないで

しのぶさんと同じく、水俣高二年の澤井さんと西田市長も壇上に立ち、水銀被害の根絶を呼び掛けた。二人は事前に水俣でしのぶさんと会い、文案を練ってきた。

「水俣で起こった悲劇を覚えていて。苦しみから立ち上がる姿を見てください」

古里への思いを込め、英語でスピーチした澤井さんは「世界を水銀汚染のない安全な場所にしましょう。もう繰り返してはいけない」と強調した。

西田市長は「経済優先の方針を見直し、世界の国々が人の健康や環境を第一に考える社会を目指すべきだ。水俣のあらゆる資源を活用して世界に貢献したい」と誓い、水俣市立水俣病資料館語り部の会の緒方正実会長から託された「祈りのこけし」をＣＯＰ１のマルク・シャルドナンス議長（スイス）に手渡した。

届かぬ願い

一方、「水俣への思いをささげる時間」の会場に、中川雅治環境相の姿はなかった。同じ日、日本では安倍晋三首相の意向で臨時国会の冒頭で衆院が解散された。その国会に出席していたのだった。最終日となった二九日の早朝、なんとかジュネーブ入りした中川環境相は米国ら各国の要人と会談した後、しのぶさんとの面会に臨んだ。中川環境相が八月の就任後、水俣病患者と会うのは初めてだった。

「（水俣病対策を）全然してくれておりません。（原因企業の）チッソのこともちゃんとしてください」と、語気を強めたしのぶさん。「私と同じような症状なのに、（公害健康被害補償法に基づき）まだ認定されていない人がたくさんいる」と現行の認定基準にも矛先を向けた。

しかし、中川環境相は「しっかり受け止めている」と言いつつも、「法の丁寧な運用を積み重ねていくことが重要と考えており、県や水俣市などと密に連携しながら水俣病対策に取り組む」と手元の資料に目を落とし、従来の見解を繰り返すだけだった。

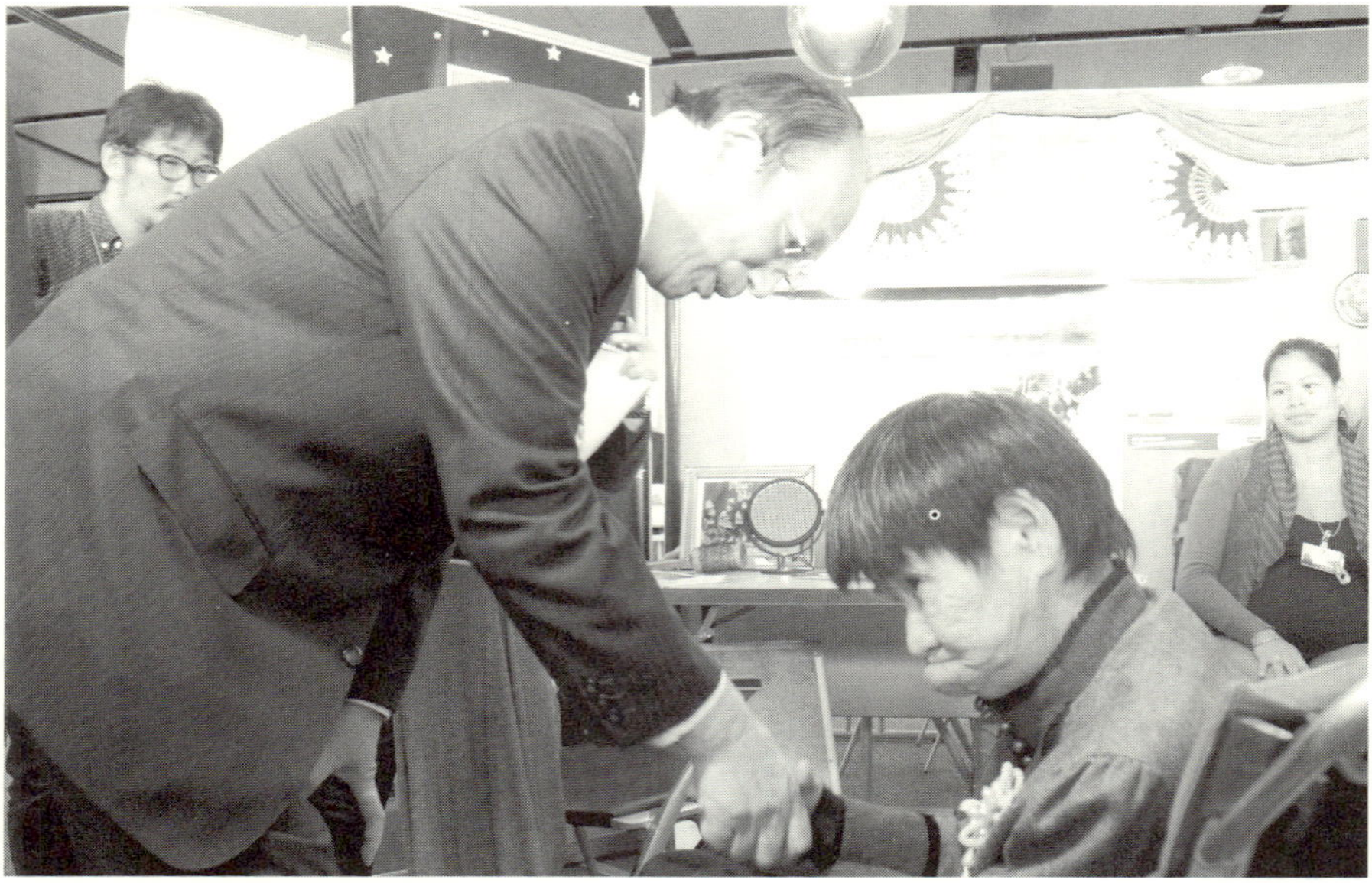

坂本しのぶさんと面会する中川雅治環境相（2017年９月29日、スイス・ジュネーブ、熊本日日新聞社提供）

面会後、しのぶさんは「ちゃんと気持ちが届いていないと思った。これまで聞いたことのあるような答えだった」と遠くを見つめた。患者自らが同じ問題を指摘せざるを得ない現実。「何べんも何べんも――」。前日のスピーチに盛り込んだ、その言葉を思わずにはいられなかった。

その後、閣僚級会合に出席した中川環境相は「水俣が有する知見や人的資源を活用し、水俣に根差した貢献を実施していく。世界の水銀対策を推進するため、引き続きリーダーシップを発揮する」と宣言する。

でも、面会に同席した由布さんは首をひねった。「言葉はきれいだけど、中身は伴っているんだろうか。面会の時も決まり切ったことしか言わず、大臣自身がどう思っているのか全く分からなかった」

無責任

こうした日本の姿勢には、海外のＮＧＯからも疑問の声が上がった。

ＩＰＥＮのビヨン・ビーラー事務局長（米国）が特に問題視したのが、水俣湾埋め立て地に水銀汚泥を暫定的に封じ込められたままにしている点と、水銀輸出の道を閉ざしていない対応だ。

輸出は原則禁止にはしているが、条約で認められた使途と確認できれば、水銀含有製品などから回収した水銀の輸出は可能だ。財務省の貿易統計によると、二〇一六年度の輸出量は前年度より三〇トン増の一四五トンに上っている。

環境省の担当者は「日本が輸出をやめれば、その代わりに水銀鉱山の産出を増やすことになりかねない」と説明するが、実際の使途を確認できるのかは不透明。「フィリピンでは水銀を含む歯科用アマルガムを入手した歯科医が、小規模金採掘の現場に横流ししている実態がある」と話すフィリピンのＮＧＯ関係者も会場にはいた。

ビーラー事務局長は「日本はリーダーにならないといけないが、今の対応は中途半端で無責任だ」と指摘。「水俣病を経験した日本が埋め立て地に残った水銀の撤去や輸出の全面禁止に取り組むことは、世界に向けた大きなメッセージになる」と強調した。

心は誰よりも

二四日に開幕したＣＯＰ１も閣僚級会合が終わり、いよいよ閉会が近づいてきた。中川環境相との面会を終えたしのぶさんにも安どの表情が浮かんでいた。最後の日程がＩＰＥＮの報告会だった。

しのぶさんに駆け寄ったウルグアイのマリア・ガラガモさんは「歩くことはできなくても、心は誰よりも（水銀汚染のない世界のために）速く走っている」と優しく語りかけた。スピーチの中で「水俣病でなければ、走ることもできたのに」との悔しさを吐露していたしのぶさんは「ありがとう」と、声を上げて泣いた。

約二〇人のメンバーも「今後も一緒に水銀のない世界を目指しましょう」「しのぶさんの闘い続ける姿勢を伝えていく」と次々と決意を表明していった。最後は全員が日本語で「（水銀問題の解決を）やりましょう」と声をそろえ、拳を何度も突き上げた。

結果的にＣＯＰ１は一部のテーマで紛糾し、閉幕は三〇日未明にずれ込んだ。それでも各国の水銀対策の状況が分かる報告のルールなどをほぼ予定通り採択。途上国に対する資金援助の枠組みこそ一部の国の反対で合意に至らなかったが、大筋ではまとまっており、環境省は「大きな影響はない」としている。

ちゃんと伝わった

九日間に及んだジュネーブ滞在。一行は三〇日、帰国の途に就いた。この日も澄み切った空が美しかった。

会合の合間にさまざまな人からあいさつを受けたしのぶさん。UNEPのエリック・ソルハイム事務局長やスウェーデンのカロリーナ・スコーグ環境相ら要人とも次々と面談した。全員がそれぞれ感動を伝え、水銀対策を誓ってくれた。

ずっと寄り添っていた由布さんは「言葉や態度に敬意があった。これからそれぞれの国で水銀問題を考える時に、しのぶさんをちゃんと思い出してもらえるのではと期待が持てた。無理をしてでも頑張ったかいがあったと思う」と振り返る。

四五年前にスウェーデン・ストックホルムであった国連人間環境会議に参加した時は、母フジエさんの陰に隠れ、うまく話ができなかったという。でも今回は違った。世界中の人に自分の言葉で思いを伝え続けた。何度も涙をこぼしながら。「温かい人が多かった。来て良かったなあ」。一緒に泣いてくれた相手も少なくなかった。

一番知ってほしかったのは、胎児性患者の仲間も自分も年を経るごとに症状が重くなり、将来への不安が増している現状だった。生まれてからずっと水銀被害と向き合う日々。それはこれからも続く。

「ちゃんと伝わったと思う」。帰国する機内でそうかみしめたしのぶさんは少しくたびれた表情を浮かべていたけれど、前も向いていた。
「またいろんな人と話したい。そして、私をしっかり見てほしい」

内田裕之（うちだひろゆき）　一九八二年生まれ、熊本市出身。熊本日日新聞社東京支社記者。二〇〇六年入社。社会部、熊本総局などを経て二〇一六年四月より現職。二〇一九年三月より編集局政経部。

水銀に関する水俣条約の成立過程と問題点

井芹道一

世界保健機関（ＷＨＯ）は、「公衆衛生上懸念される化学物質」として水銀、アスベスト、ダイオキシン、カドミウム、ベンゼン、鉛、ヒ素、フッ化物の八物質を挙げている（注１）。特に水銀（無機）とその化合物は世界に広まりすぎた厄介な化学物質だ。

水銀は、金や銀などと容易に合金（アマルガム）をつくるため、古くから金抽出に利用され、日本でも仏像造りなどに使われた。水銀の殺菌・防腐効果は医療での使用につながり、加熱で膨張する性質は計測器に使われている。

水銀は常温で液体のただ一つの金属で、電気を通す。その特性は照明やサーモスタットなど電気製品に多用される一方、水銀を含む石炭は燃やすと蒸発し大気を汚染する。水銀が水環境に入ると、微生物の作用により有機水銀の一つで毒性が高いメチル水銀に変化。魚介類を汚染し、食物連鎖につながっている。

二〇世紀まで、水銀（無機）は適正に使えば安全と考えられた。だが、世界の科学者の研究で、無機、有機を問わず有毒と分かってきた。国連は科学の裏付けをもとに新たな地球環境問題として、世界に水銀の使用終息を強く喚起。二〇一三年一〇月、熊本市で国連の新しい環境条約「水銀に関する水俣条約」（注2）が採択された。一七年八月には条約が発効、九月には第一回締約国会議（ＣＯＰ１）がスイスのジュネーブで開かれた。

便利だが有毒。この有害重金属をどう世界で削減するか――（表1）。

日本など先進国は二〇世紀、水俣病を起こしたチッソのように水銀を触媒に使って、プラスチックなどを成形しやすくする可塑剤のアセトアルデヒドを作り、ビニールやプラスチックを大量生産。公害を発生させ

（表1）

	世界で使われている水銀含有製品（物）
金属水銀（無機）	液晶テレビ、エアコン、パソコン、冷蔵庫、電子レンジ、洗濯機、ボタン電池、酸化銀電池、水銀体温計・血圧計・気圧計など計測機器、蛍光管、水銀灯、ナトリウム灯、金属ハロゲン灯、ネオン、歯科用アマルガム、スイッチ、継電器、サーモスタット、火災感知器、ジュエリー、研究用計測機器、汚泥、〈乾電池、苛性ソーダ・塩素電解用など〉
無機水銀	塩化ビニール、電極、プラスチック、コンクリート、スレートなど建設廃材、塗料、朱の顔料、旧来の朱肉、朱墨、辰砂《しんしゃ》、試薬、外用剤、〈石けん、化粧品、マンガン電池の陰極用など〉
有機水銀	殺菌剤（保存剤）、ワクチン（防腐剤）、〈農薬（殺菌剤）〉

〈　〉内は日本では使われていない。ＵＮＥＰと日本はじめ各国資料から。

て経済発展をした。海外ではいまだに触媒に水銀を使っている国が多い。最大の水銀排出国、中国、それに続くインドなど新興国で削減するのは一筋縄ではいかない。国連で締約国会議（COP）を重ねるごとに、より実効性ある条約に育てていくことが不可欠だ。水俣病の経験を今こそ生かさなければならない。

条約に至るポイントと意義や問題点を四点に分けて解説する。

第1のポイント　国連が初の世界水銀アセスメント

国連環境計画（UNEP）が水銀を条約で規制することに動きだす出発点が世界水銀アセスメントの実施だった。UNEPは二〇〇一年に地球規模での水銀汚染に関連する活動として「水銀プログラム」をスタート。翌〇二年、水銀の人への影響や汚染の現状をまとめた初めての報告書「世界水銀アセスメント」（注3）を公表した。

二五八ページに上る報告書を見ると、世界の科学者と国連が、なぜ水銀を「地球環境汚染物質」と位置づけ、人類の将来を懸念しているかが理解できる。特に目を引くのが次の四点だ。（以下＝環境省訳から）

①**水銀は環境に遍在**　「工業時代の始まりから環境中の水銀濃度は大幅に上昇。現在、人間や野生生物に有害な影響を与えうる濃度の水銀が全世界で環境媒体や食物（特に魚）に存在する。原因は人間が生み出した発生源。産業行為による埋め立て地、鉱山、汚染工業用地、土壌、堆積物に残留している。水銀が排出されない北極でも大気などを通じ、大陸から運ばれ、汚染されている」

②**難分解性で全世界を循環**　「水銀汚染で最も重要なのは大気中への排出。水銀はさまざまな汚染源から水系や土壌に直接排出される。一度、排出されると環境中でほとんど分解されず、大気中、水系、堆積物、土壌、生物相を様々な形態で循環。水銀は全世界に貯留され、常に土壌と水系との間で、移動と蓄積を繰り返す。堆積すると主に微生物代謝でメチル水銀に変化しうる。メチル水銀は生物内に蓄積される特性があり、食物連鎖の上位に行くほど濃度は高まる。魚や海洋ほ乳類で著しい。メチル水銀が最も危険」

③**発達途上の神経系に有害**　「水銀とその化合物は極めて毒性が強く、特に発達途上の神経系に有害。特にメチル水銀は人間と野生生物に有毒。この化合物は簡単に胎盤関門と血液脳関門を通過し、神経毒となり、特に成長過程の脳に悪影響する。妊婦が摂取する魚に含まれるメチル水銀は小児の成長にわずかだが永続的な影響を与え、学齢期になると発症することが研究で明らかにされている。成人の心臓血管系に悪影響を及ぼすことも判明。最も曝露しやすいのは神経系が発達過程にある胎児、新生児、小児。妊婦、妊娠の可能性のある女性は特にメチル水銀の有毒性に注

意が必要だ」

④排出量はアジアが突出　「アセスでは一九九五年の主要な人為的排出源からの地球大気中への水銀排出量推定値も示している。先進国では水銀使用が減り、途上国で増えていることを指摘。特にアジア地域からの排出量が突出していると報告した」

その上で水銀の排出源を以下のように四つに分類した。

(A)火山の噴火や岩石の風化などによる水銀の自然放出
(B)石炭など化石燃料に含まれる水銀不純物の放出
(C)水銀を使用する製品や製造過程からの排出
(D)過去の人為的放出が原因となる土壌中の残留、海底などへの沈殿、廃棄物に付着した水銀の再放出

●長期微量汚染の研究

このうち、③を見ると、ハーバード大学のフィリップ・グランジャン特任教授が一九九九年にブラジルの水銀国際会議（ＩＣＭＧＰ）で発表した「長期微量汚染」の研究が、この時点で生かされていたことが分かる。教授は今も、魚介類から微量のメチル水銀を長期にとり続けることが、知能（ＩＱ）や発達障害へ影響することの立証を続けている。

●ＷＨＯ「水銀に安全基準はない」

研究者の間で水銀への危機感が高まる中、世界保健機関（ＷＨＯ）は二〇〇五年、「健康管理における水銀」と題したポリシーペーパー（政策文書、注４）を公表した。この中でＷＨＯは「水銀には、それ以下では何らかの悪影響が発生しない閾値がないかもしれない」とした。つまり、水銀はどんなに微量でも有害であると結論づけたのである。

第2のポイント　世界の科学者たちが警告

●水俣病50年の節目

世界が条約規制に向かう第二のポイントが、水俣病公式確認から五〇年の節目、二〇〇六年八月、米国ウィスコンシン州マディソンで開かれた「第八回地球環境汚染物質としての水銀国際会議」（ＩＣＭＧＰ）だ。六九カ国から過去最大の約一一五〇人が参加。最終日に同会議としては初の「水銀汚染に関するマディソン宣言」（注５）を出した。一部を紹介すると——。

①地球上の水銀の三分の一は自然発生だが、三分の二は人為的活動による。

②産業界での水銀使用と排出の結果、産業革命以来、水銀の堆積は、遠隔地を問わず二倍から四倍に増加している。
③水銀に汚染された魚を食べることは人の健康に悪影響がある。特に子どもと妊娠期の女性は食べる魚の種類に注意が必要。
④小規模零細の金採掘（ＡＳＧＭ）で無秩序な水銀の不適正使用が続いている。世界中の何千という地域が汚染され、採掘地域の住民五千万人に長期に及ぶ健康被害が出る恐れがある。
⑤地球上の人的活動から排出される水銀のうち、これらの金採掘活動だけで一〇％以上を占める。
⑥世界中の人たちが主に魚介類を食べることでメチル水銀を摂取し、健康被害が生じている。
⑦過去三〇年間にわたり発展途上国から排出された大量の水銀で、先進国が削減した水銀排出量は相殺された。
⑧メチル水銀の毒素が健康、特に胎児に悪影響を及ぼすという科学的に確かな根拠がある。
⑨最新の研究結果はメチル水銀が成人男性の心血管疾患のリスクを高める可能性を示している。
⑩この地球規模の問題に対処するためには、各国が効果的な対策を進め、国際的な対応策を講じることが必要だ。

世界水銀アセスメントが国連という政治主導の動きとすれば、このマディソン宣言は、科学者たちが世界に向けて発した初めての警告といえた。

図１　自然界での水銀（Hg）循環

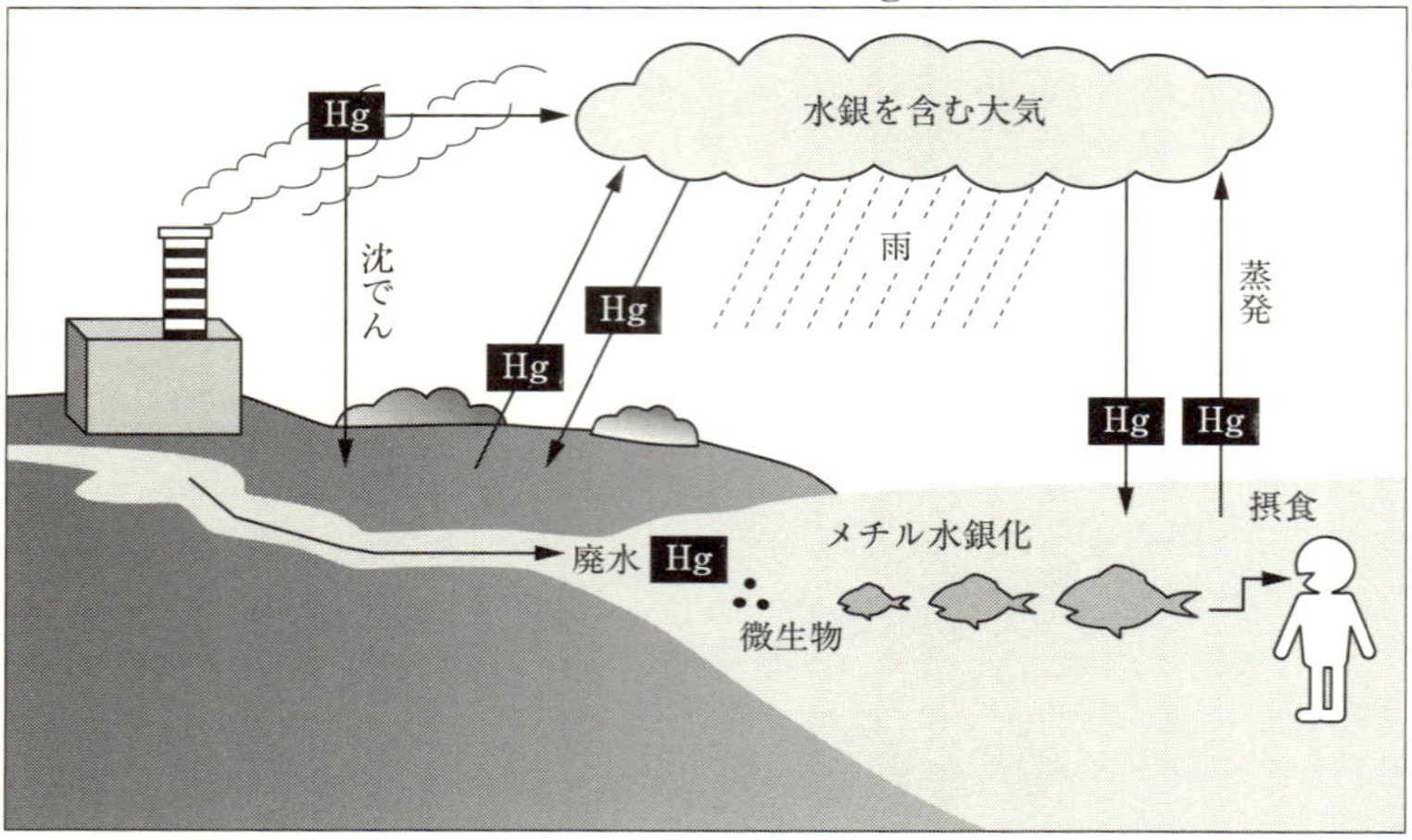

〈米国EPA資料などから作成〉

●無機水銀のメチル水銀化

マディソン宣言が出された二〇〇六年までには、無機水銀が猛毒の有機水銀の一種・メチル水銀に変化する水銀循環が、水銀国際会議の科学者たちの研究で証明されていた。無機水銀の自然界でのメチル化のメカニズムが解析されたのである（図1、出典ＥＰＡ＝米環境保護局）。

水銀は石炭に含まれる。ＥＰＡによると、石炭火力発電所などから二酸化炭素など大気汚染物質とともに大気中に排出された無機水銀は、雨などを通じて地表や水環境（海や湖、河川）に落ちる。それを微生物が毒性の高いメチル水銀に変えていく。小さな魚を大きな魚が食べる食物連鎖を通じ、大きな魚（マグロ、メカジキなど）ほど水銀濃度が高まり、それを食べることで人間の体に入っていく。

これにより、水環境の水銀汚染を減らすには、人為的な施設から出る水銀汚染水の垂れ流しに加え、石炭火力発電所や工場の石炭ボイラーなどから排出される水銀を減じることが不可欠であると分かった。

第3のポイント　水銀規制に世界が動く——政府間交渉

●オバマ大統領の出現で条約化へ

世界水銀アセスという科学的な証拠があったにもかかわらず、世界は条約による規制に向けて六年間も動かなかった。条約化の必要性は初めにスイスとノルウェーがＵＮＥＰの管理理事会で提唱した。日本は法的拘束力のある条約でなく、各国任意の対応で水銀を減らす対応を支持し、米国、カナダなどとともに消極姿勢をとり続けた。だが、企業活動による大量のメチル水銀中毒症発生の経験を持つ国として、国際ＮＧＯから厳しい批判を受ける中で日本は二〇〇七年二月、ＵＮＥＰの理事会で「法的拘束力のある条約づくりの交渉開始に大筋で賛同する」と微妙な表現で賛成に転じた。

その後、状況が大きく動いたのは、米国でオバマ民主党政権が誕生したことだった。バラク・オバマ上院議員が大統領就任直前の二〇〇八年一一月一日付で米国からの水銀輸出禁止法案を議会に提出・成立させた。さらに大統領就任後の〇九年二月の第二五回ＵＮＥＰ管理理事会で、産業界への影響から条約規制に反対し続けたブッシュ前政権の姿勢を転換して賛成に回り、これが世界の流れを変え、法的拘束力のある水銀条約を二〇一三年に制定する道筋を開いた。

●歴史的合意、政府間交渉がスタート

この「歴史的な合意」(アヒム・シュタイナーUNEP事務局長)に伴い、水銀条約の文書を作るための第一回政府間交渉委員会(INC1)が二〇一〇年六月、スウェーデンのストックホルムで開かれた。UNEPに加盟する一四〇カ国以上の代表が水銀条約作りを始める第一回の交渉である。六月六日、政府間交渉委の開幕式で、日本政府を代表し、外務省の青山利勝・地球環境課企画官が「わが国は初期対応が遅れたことで水俣病被害を拡大させた。世界で繰り返さないため、政府間交渉に積極貢献したい」と述べ、新条約の名称を「水俣条約」にしたい意向を表明した。

条約名を「水俣」とすることには、水俣病被害者らの間に「水俣病が解決したと世界に間違った印象を与えかねない」「水俣の名を冠するのなら、規制の強い条約にすべきだ」といった異論があった。にもかかわらず、初回交渉から「条約名は水俣」を主導した日本政府の姿勢に対し、水俣病被害者や国際NGOの批判が続いた。INCはその後、日本(千葉・幕張)、ケニア、ウルグアイ、スイスと五回にわたって開かれた。

最後まで議論となったのが、①大気中への排出削減②水銀添加製品の廃止時期③途上国への技術・資金援助—の三点だ。このうち大気排出では、日本、米国、EU、アフリカなどが石炭火力発電やセ

メント製造施設など排出施設を特定した削減を求めたのに対し、中国、インド、中南米は特定しない各国独自の対応を支持した。

電池や照明、血圧計など水銀添加製品についても、日本、EU、ジャマイカが二〇二〇年までの廃止を求めれば、中国が二〇三〇年への先延ばしを要求。これほど規制が遅れると「ごみ捨て場にされかねない」と危惧するアフリカが、中国に対し二〇一八年に早めるよう異例の主張をする場面もあった。

一方、健康被害防止に関する健康条項では、いくつかの付帯条文を残すことに、カナダ、オーストラリアなどが難色を示すと、水銀にさらされやすい人が多いアフリカ、ブラジルから意見があり、表現を和らげる形で生かされることになった。水俣条約とするのなら不可欠な条文だった。

こうして二〇一三年一月一九日午前七時、ジュネーブ国際会議場で開かれた第五回交渉で、約一四〇カ国・地域が法的拘束力のある文書（条約）に全会一致で合意。名称も「水銀に関する水俣条約」に決定した。

●大気中への排出は1960トン、最大の汚染源は小規模金採掘

条約合意に伴いUNEPは世界水銀アセスメントの二〇一三年版を公表した。この中で世界の大気中への人為的な水銀排出量は一九六〇トン（二〇一〇年）。最大の汚染源は小規模金採掘で、初回のアセスで一位だった石炭燃焼を上回ったことが判明（図2）。同様に水環境への放出は一〇〇〇トン超

図2　世界の大気中への水銀排出状況（2010）

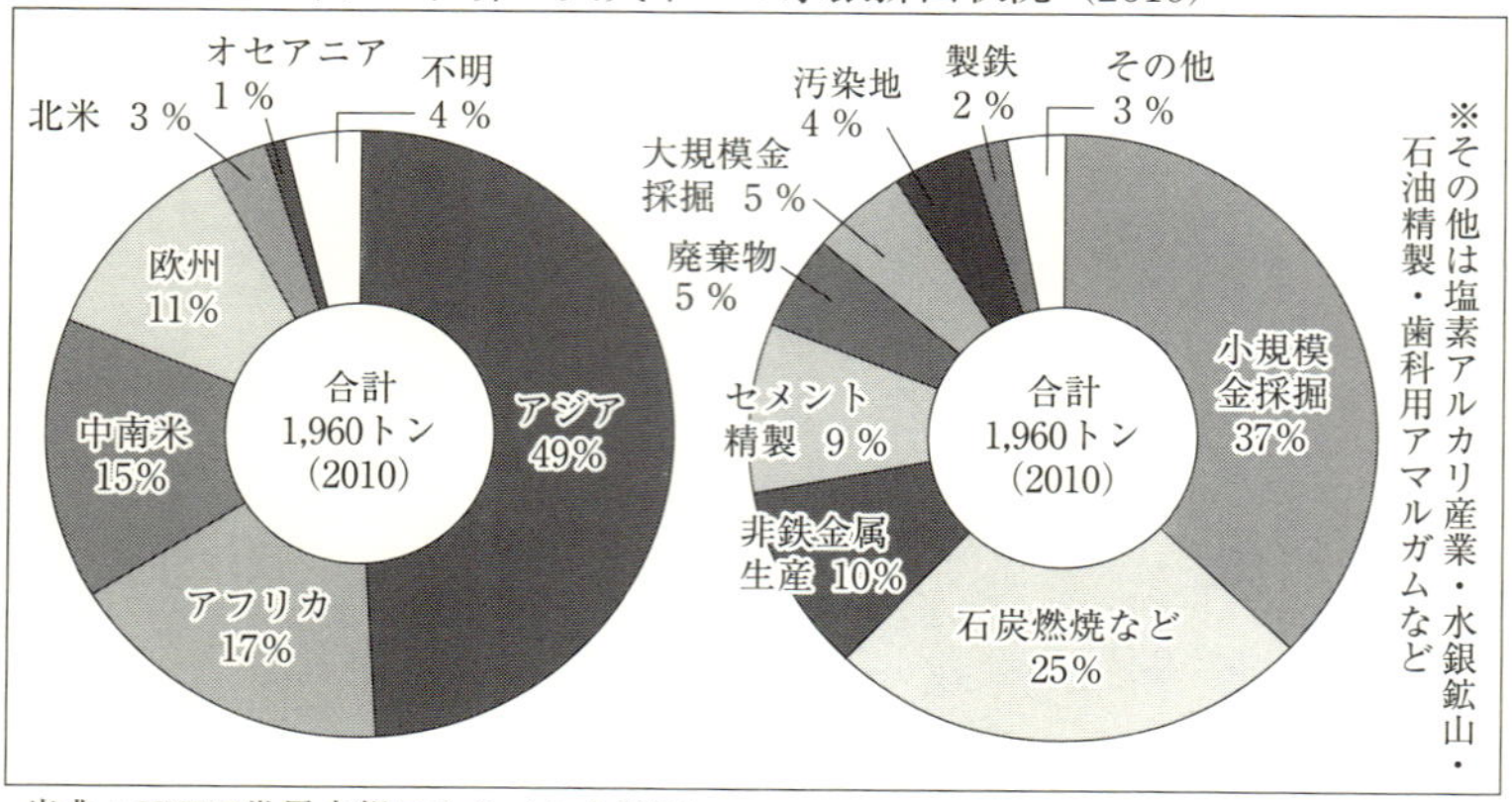

出典：UNEP世界水銀アセスメント2013

で、地球温暖化による海水温上昇と海のメチル化の促進が結びついていることも分かった。

第4のポイント　2013年熊本で条約を採択、2017年発効……問題点と意義

●罰則規定がない

水俣病の公式確認から五七年たった二〇一三年一〇月。UNEPの新しい環境条約「水銀に関する水俣条約」の外交会議と関連会合が水俣市と熊本市で開かれた。この条約の採択と署名を目的とした外交会議には、六〇カ国以上の閣僚級を含む約一四〇カ国・地域の政府関係者はじめ、国際機関、NGOら一〇〇〇人以上が参加。最終日の一〇日、熊本市で一三九カ国・地域の政府代表が全会一致で水俣条約を採択した（表2＋参考資料）。この席で九二カ国（EU含む）が条約に署名した。

（表2）

「水銀に関する水俣条約」の主な規制
水銀の締約国への輸出は条約で認められた用途と、環境上適正な一時保管に限定し、輸入国の書面による事前同意を求める
水銀を使った電池、スイッチ・リレー、化粧品、殺虫剤、血圧計、体温計、一定含有量以上の蛍光灯など水銀添加製品は二〇二〇年までに製造を原則禁止
水銀廃棄物は締約国会議が定める条件に基づき環境上適正に管理
（水俣病の原因となった）アセトアルデヒド製造工程での水銀使用は二〇一八年、塩素アルカリ工業での使用も二〇二五年で原則禁止
新規の水銀鉱山開発は発効後に禁止。既存鉱山からの産出も一五年以内に禁止
金採掘現場での水銀使用・排出を削減。可能であれば廃絶のために行動
大気中への排出は石炭火力発電所、非鉄金属精練施設などを対象に削減対策を実施

水俣条約は三五の条文と五つの付属書で構成。二年半にわたる五回の政府間交渉を通じた議論と妥協を重ねた条文は、例外規定が多く付けられ、強制力は弱められた。その結果、国際ＮＧＯが求めた規制や罰則規定の強い内容ではなく、多くの国が参加できる実現可能性を重視した現実的なものとなった。

条文全体を概観して気付くのは、各所に「努める」「協力する」「奨励される」などの自主的な対応を求める表現が目立ち、義務付けや罰則規定が見当たらないことだ。目標年度を設定した水銀の総排出削減の目標値も示されていない。

個別の条文を見ると、例えば水銀供給と貿易の削減を目指す三条では、新規の水銀鉱山開発は禁止されるが、既存の水銀鉱山は一五年間、採掘が許される。また水銀貿易は原則禁止されるものの、輸出相手国から事前に書面同意を得れば、その国への輸出は可能だ。最新のアセスで最大の汚染源とされた小規模金採掘への対応は、直ちに水銀使用を禁じれば、生活できない貧困層が存在するため、段階的削減の道をとった。

水俣条約のこうした特徴について熊本大学の富樫貞夫名誉教授（環境法）は「厳しい対応や数値目標を掲げて結局は失敗した、京都議定書の轍を踏まない手法をとったのではないか」と分析する。

●水銀削減の初の国際的枠組み

とはいえ、世界最悪のメチル水銀中毒である水俣病発生を教訓に、一四〇カ国・地域が健康被害と環境汚染防止を目的に連携し、地球規模で水銀削減を進める法規制の枠組みを作った意義は小さくない。

水俣条約は、水銀という一つの化学物質をめぐり採掘—加工—貿易—廃棄—保存に至るまで、ほぼ全段階で一定の規制を設けた初めての環境条約である。個々の規制をゆるやかにしたことで、一四〇カ国・地域が採択。結果的にこれまでほとんど知られていなかった水銀の有毒性、水俣病について、少なくとも世界各国の環境省庁職員に知られることになった。

特に成長著しい新興国を含む発展途上国の環境担当者が、政府間交渉や科学的な資料にもとづく啓発、アセスメント、水俣訪問、坂本しのぶさんら水俣病被害者の声を聞いたことなどを通じ、水銀の有毒性について知識を深めた意味は、極めて大きい。

こうしたゆるやかな規制から始めなければならないほど、水銀とその化合物が人間の経済活動や生活環境の隅々にまで浸透してしまっているということになる。ここには有毒と分かっていても、一気に削減できない世界の現実がある。

「規制がゆるい」と批判された条約だが、米国が二〇一三年一一月に第一号で締結した後、日本は条約に則した国内法改正に時間を要し、二三番目となる二〇一六年二月に締結。同年八月には最大排出国の中国が意外な早さで続いた。半面、環境先進国のスウェーデンやドイツは、国内対応と法整備に予想外の時間を要し、締結は二〇一七年の五月と九月にそれぞれずれ込んだ。水銀排出量の多いスペインに至っては二〇二一年一二月、二〇二二年一月現在も依然、ロシア、マレーシアなどが未締結だ。この〝ゆるい〟条約でさえ、各国の対応は容易でないことを物語る。

一方、罰則規定に代わり、条約には条文の履行状況を監視するため、いくつかの対策が盛り込まれている点には注目したい。水銀の最大排出源である小規模金採掘への対応を記した七条は、小規模金採掘が多い締約国に対して、国家行動計画を作って削減し、三年ごとに評価を受けることを求めている。

一九条の「研究開発と定点監視」では、水銀暴露にぜい弱な人々や魚介類などの定点監視をすることなどを明記。「実施計画」の二〇条では、締約国に条約遂行のための実施計画を作り、事務局に送付することを求めた。二一条の「報告」では、締約国は条約実施のためにとった対策、実効性、取り組みを締約国会議に報告しなければならない。二二条の「有効性の評価」では、締約国会議に条約発効から六年以内に有効性の評価を求めている。

水俣条約は二〇一七年五月、発効に必要な五〇カ国に達し、九〇日後の八月一六日に発効した。九月にはスイスのジュネーブで第一回締約国会議（ＣＯＰ1）が開かれた。二〇二二年一月末現在で条約に署名した国が一二八、このうち締結した国が一三七。今後、国連や締約国がなすべきは、インド、ロシアなど排出量の多い国はもちろん、締約国を一カ国でも増やすことだ。各国統一基準による水銀排出データの整備、国連に偽りのないデータが報告がされるかなど課題は山積する。

これから何十年と続くＣＯＰの中で、健康条項（一六条）をはじめ、条約で対応が弱いとされる点を段階的に修正し、より実効性のある強い条約に育てていくことが不可欠である。

注1　WHOのIPCS（国際化学物質安全性計画）は、この8物質に「大気汚染」と「非常に危険な殺虫剤」を加えたものをTen Chemicals of major public health concernとしている。
注2　The Minamata Convention on Mercury
注3　UNEP Global Mercury Assessment, 2002
注4　WHO Mercury in Health Care:Policy Paper, 2005
注5　The Madison Declaration on Mercury Pollution, 2006

［参考資料］

熊本で採択された「水銀に関する水俣条約」（三五条）の骨子（環境省資料から作成）

【前文】環境と開発に関するリオ宣言（一九九二年）を再確認し、地球規模の行動が必要。特に途上国の女性や子供を水銀の害から守る。水俣病を教訓に水銀の適切な管理をし、再発を防ぐ。

【目的＝一条】水銀と水銀化合物の人為的な排出から、人の健康と環境を保護する。

【語句の定義＝二条】略。

【水銀供給と国際貿易の削減＝三条】新規の水銀鉱山開発は条約発効後に禁止。既存鉱山からの産出は条約発効から一五年以内に禁止する。水銀の輸出（金属水銀に限定）は条約で認めた用途か、環境上適正な保管に限る。水銀輸出には輸入国（非締約国含む）の書面での事前同意が必要。輸入同意を事前に事務局に登録した国への輸出は可能。非締約国からの輸入には、水銀が新規の一次鉱山または、廃止された塩素アルカリ施設からでないとの証明が必要。

【水銀添加製品、猶予措置＝四、六条】電池、スイッチ・リレー、一定含有量以上の蛍光灯、石けん、化粧品、殺虫剤、局所消毒剤、非電化の計測機器（血圧計、体温計、気圧計など）などの水銀添加製品は、二〇二〇年までに製造と輸出入を禁止（一部用途を除く）。交換部品、研究用途、ワクチンなどは対象外。年限は最大一〇年間まで延長可。歯科用アマルガムは段階的に使用を削減。締約国は禁止された水銀含有製品の組立製品への組み込みと、水銀添加新製品の製造・販売を抑制する。締約国会議（COP）は発効後五年以内に付属書A（対象製品）の評価をする。

【製造工程、猶予措置＝五、六条】（水俣病の原因となった）アセトアルデヒド製造工程での水銀使用を二〇一八年、塩素アルカリ工業での使用も二〇二五年までに禁止（最大一〇年間まで延長可）。塩化ビニールモノマー、ポリウレタン製造などでの使用を削減。新規の製造過程での水銀利用を抑制。締約国会議が発効後五年以内に付属書B（製造工程）の評価をする。

【小規模金採掘＝七条】小規模金採掘が相当量と判断した締約国は事務局に通知し、ナショナルアクションプラン（国家行動計画）を策定・実施し、三年ごとに評価を受ける。行動計画には削減目標、廃絶に向けた行動、水銀に暴露する恐れのある人々の保護策などを記載する。

【大気への排出＝八条】石炭火力発電所、石炭・産業用ボイラー、非鉄金属製造施設、廃棄物焼却施設、セメント製造施設を対象に排出削減対策をとる。新設施設には最良の技術や環境のための最良の慣行を義務付ける。既存施設には（一）排出管理目標（二）排出限度値（三）最良の技術と最良の慣行（四）水銀の排出管理に効果的な複数の汚染物質管理戦略（五）代替的措置―から一つ以上を選んで実施する。

【水・土壌への放出＝九条】各国が放出源を特定。新規・既存施設とも（一）放出限度値（二）最良の技術と最良の慣行（三）水銀の排出管理に効果的な複数汚染物質管理戦略（四）代替的措置―から一つ以上を選んで実施。各国が自国内の排出・放出データを作成。締約国会議で最良の技術と最良の慣行などに関する指針を採択する。

【水銀の暫定保管＝一〇条】締約国会議で作成される指針に従い、環境上適正に実施。

【水銀廃棄物＝一一条】バーゼル条約に基づく指針を考慮し、締約国会議が定める条件に基づき環境上適正に管理する。

【汚染地区＝一二条】水銀に汚染された場所は、締約国会議がまとめる指針に基づき管理。締約国は汚染地区の特定と評価のための戦略構築に努める。

【資金源＝一三条】条約のもとで資金支援するための制度を設置。地球環境ファシリティ信託基金（GEF）を主たる資金源に位置付ける。

【能力強化、技術支援・移転＝一四条】条約実施支援のため、締約国は途上国、特に後発途上国への能力強化、技術支援、技術移転に協力する。

【実施・順守委員会＝一五条】条約の補助機関として組織し、各国の実施の促進、順守を管理する。

【健康に関する側面＝一六条】締約国には（一）水銀の影響を受ける恐れのある人々の特定・保護のための戦略・プログラムの作成・実施（二）職業上の暴露を防ぐプログラムの開発・実施（三）予防・診察・治療と健康リスクのチェック―が奨励される。締約国会議は健康関連でWHO（世界保健機関）、ILO（国際労働機関）などと連携する。

【情報交換＝一七条】水銀添加物の代替製品、工場製造工程からの削減、排出・放出の際の削減技術、健康面の疫学情報などを交換する。

【啓発と教育＝一八条】水銀や化合物が健康・環境にもたらす影響を知らせ、代替物を啓発する。

【研究開発と定点監視＝一九条】締約国は水銀や化合物の使用及び大気・水・土壌への排出データを整備する。水銀暴露にぜい弱な人々、魚介類と海洋ほ乳類の水銀含有量を監視する。

【実施計画＝二〇条】締約国は最初のアセスメントに従い、条約遂行のための実施計画をできるだけ早く作り、事務局に送付する。

【報告＝二一条】締約国は条約実施のために取った対策、実効性、取り組みを締約国会議に報告する。

【有効性の評価＝二二条】締約国会議は条約発効から六年以内に有効性を評価する。

【締約国会議、事務局、紛争解決＝二三、二四、二五条】第一回締約国会議は発効から一年以内に開く。

【条約の改正、付属書の改正＝二六、二七条】締約国会議の半年前までに提案。全体合意を基本に四分の三の多数決で決定する。

【投票権、署名＝二八、二九条】条約の署名は二〇一三年一〇月一〇、一一日に熊本で。以後はニューヨークの国連本部で一四年一〇月九日まで受け付ける。

【批准・受諾、発効＝三〇、三一条】条約は五〇カ国が批准し、九〇日後に発効する。

【留保、脱退＝三二、三三条】略。

【寄託】条約は国連事務総長が保管する。

【正文＝三五条】条約はアラビア語、中国語、英語、仏語、ロシア語、スペイン語の六カ国語で記述する。

●水俣条約の関連決議の骨子（外交会議資料から）

「水俣条約」外交会議は条約発効までに、各国・地域が以下の対応をとる決議を採択した。

一、条約を素早く批准できるよう、できるだけ早く必要な国内手続きをとる。

一、法的拘束のかからない任意の対応で対処可能な部分は発効前に促進し、支援する。

一、国連環境計画（ＵＮＥＰ）は署名から第一回締約国会議までの間に政府間交渉委員会を開く。

一、交渉委は第一回締約国会議までに、水銀が相当量ある場所の特定、輸出入の手続き、水銀排出を減らす最良の技術などに関し指針をまとめる。

一、水銀の大気排出削減の指針策定のためアフリカ、アジア太平洋、中・東欧、南米カリブ、西欧その他の国連五地域の技術者による専門家グループを設置する。

一、水銀による健康被害と環境汚染に長年苦しんだ水俣の人々と地域を思い、環境復元の努力、環境に配慮した社会づくりを認識し、国際社会は水俣の経験と教訓に学ぶ。

井芹道一（いせりみちかず）　一九五四年生まれ、熊本県八代郡氷川町出身。熊本大学客員教授。熊本日日新聞記者、政経部長、論説委員、熊本大学教授（ジャーナリズム論）など経て現職。著書に熊本大学政創研叢書『Minamataに学ぶ海外―水銀削減』（成文堂）。

2 患者・浜元二徳さんの闘い

二〇一七（平成二九）年九月八日、浜元二徳さんは、水俣市内の施設にいた。秋晴れの日。施設がある病院三階の部屋からチッソの工場群が見える、そんな場所だ。

この時期、九月二四日からスイス・ジュネーブで開かれる「水銀に関する水俣条約」の第一回締約国会議に胎児性患者の坂本しのぶさんが出席するというニュースが流れていた。一九七二（昭和四七）年六月、スウェーデン・ストックホルムで行われた国連人間環境会議と平行して開かれた人民広場集会などに、浜元さんはしのぶさんとともに参加した。あの時、杖で歩けた浜元さんだったが、今では車椅子がないと動けない。ストックホルム行から四五年が経った。

浜元家は父惣八さんの代に天草・深海から水俣市出月に移住した。惣八さんは釣漁だけでなく、網漁も行う漁師で、マツさんとの間に七人の子どもを持ったが、一九三六年一月生まれの三男の二徳さんは一九五五年に発病、父惣八さんと母マツさんも翌一九五六年に発病、熊本大学医学部の藤崎台分院の伝染病棟に学用患者として収容された。屈強な漁師だった惣八さんは同病棟で狂死する。解剖もされた。マツさんも一九五九年、四年間寝たきりのまま死亡した。惣八さん、五七歳、マツさん五九歳だった。ミカン行商などで一家を支えた姉のフミヨさんもやがて患者となった。

浜元さんは一九五九年末のチッソ水俣工場前の患者家庭互助会の座り込みに始まり、水俣病一次訴訟、チッソ株主総会、チッソ東京本社での直接交渉など、姉フミヨさんとともに闘いの最前線に立った。一九八四年には「アジアと水俣を結ぶ会」を結成、一九九四年には、水俣市の市立水俣病資料館の最初の「語り部」となり、その後、「語り部の会」会長になり、今は名誉会長である。浜元さんの詳細な語りは『出月私記　浜元二徳語り』（新曜社、一九八九年）に詳しい。

二〇一七年、八一歳になった浜元さんの「今」を聞くとともに、闘いの日々を振り返ってもらった。あわせて浜元姉弟のこれまでの歩みを記録からたどった。

浜元二徳さんを水俣に訪ねる

（「」内は浜元さんの発言を、〈〉は編著者の発言を表している）

「ここに来て、もう何年になるかなあ。もう、忘れてしもうたなあ（笑）。ここでの生活は、決まっちゃおらんですが、だいたい朝七時に起きて、夜寝るのは九時ですね、体の方も、あんまり変わりはなかなあ」

〈今は、車椅子でないと全然動けませんか〉

「そうですね。裁判（注＝一次訴訟）のころには杖で歩きよったですがね。今はすっかり車椅子です」

〈いくつになられましたか〉

「いくつかな、昭和一一年生まれたいな。まだ九〇じゃなかかな（笑）」

「これまで一番印象に残っていることは何ですか、とよく聞かれるバッテンが、一番印象に残っとると言うてもなあ、おかしかバッテンが、いっぱいあっとたいなあ。水俣病の裁判の時はみな水俣から一緒にバスで行きよったですが、バスの車内も面白かったなあ。にぎわって、面白かったあ。一晩泊まりよったけん、熊本で。熊本の告発（注＝水俣病を告発する会）の人が旅館を世話してくれなはった。どんな話をしてたかなあ。みんな（裁判に）勝つぜ勝つぜって、勝つことばかり話しよったなあ」

〈その裁判の判決がありましたね、一九七三年三月二〇日、熊本地裁で。勝訴判決でしたが、あの時はどんな気持ちでしたか〉

「やっぱり、これだけの、世の中ば汚したちゅうことは、チッソちゅう、まあ、いばっとると言えばおかしかバッテン、そんころまだ高度経済成長で、チッソは銭持ち、銭持ちといって、みなチッソさまさまだったたいな、あんころ。裁判には勝つと思ってました。はい、負けるちゃ思ってなかったですな。海たい、海を汚したがな、海はチッソ工場の海じゃなかわけ。海は排水を捨てる場所じゃな

資料を見ながら思い出を語る浜元二徳さん（2017年9月8日、水俣市の施設で）

かわけ。海はみんなのものだから、みんなのもので、チッソ工場ただ一軒でたいな、こらおるげんと、じゃ言うて、海を汚しよったわけ。だから、チッソがなんの勝つもんな、と我々は思っとったわけ」

〈心配はありませんでしたか、負けはしないかと〉

「いや、あんまり心配はなかったな。なぜならば、チッソ工場はいばっとったバッテンが、段々、そのころから弱とったもんな。昔はな、チッソの会社行きといえばえらいもんじゃったもん」

〈裁判で勝訴した後、上京し、川本輝夫さんらの自主交渉グループと一緒になって東京交渉を始めます。チッソとの交渉では姉のフミヨさんが、「お金はいらん」と言ってチッソに突き返したでしょう〉

「あん時は、姉の気持としては、何ちゅうのかな、あんたげ、一人じゃなかっぱいということかもしれん」

〈一人じゃなか?〉

「水俣じゃいばっとるが、よそにでれば、あんたげ一軒じゃなかっぱい、そういう気持ちがあったんじゃろ、と私は思うとたいなあ」

〈チッソは水俣じゃいばっとるが、世の中に出ればチッソ一社だけではない、ということですか〉

「そうそう。みんなそういう気持ちじゃったたいなあ、姉ばかりじゃなく。それに、あん時は姉ばかりじゃなく、みんな元気があったたいな」

〈一九七二年にはストックホルムにも行かれますね。坂本しのぶさんや原田正純先生と一緒に〉

「覚えてますよ（笑顔）。印象に残っているのは、やっぱ、あすこから日本大使館まで歩いたことかな、宿泊所からね、なぜかというと、体がきつかったもんね。ものすごうきつかったったい。あん時は。座ろごたる気持ちじゃったったい。遠かったもんな、四キロあまりあったもんな。そん時は車椅子ではなく、杖やったなあ」

〈集会で浜元さんやしのぶさんが話したでしょう、印象や反応はどうでしたか〉

「向こうの人が、どんな質問をしたとかたいなあ、うーん、もう忘れたなあ（笑）。そっでもやっぱ、人間にこうして害が、チッソ工場の害が人間にこげん及ぼすことを、向こうの人もこういうことは分かっている。私たちが行ったら、驚いたちゅうか、こげんまで、なんでせんばんとだろかという格好だったなあ。ここまでなんで放置されたつだろうか、という感じだったな」

〈あの時、帰りの飛行機に乗る時に荷物のことでいろんな話があったようですね。税関をどうやっ

てくぐり抜けるかで〉

「あったあった、話はあった（笑い）。持ってきたたいな、持ってきた。どげんすっとかちゅうて、ホテルに持ち込んだったたいな。どげんしてもって帰るかでもめたった。そげんうんと持っていくことはかなわんけん、六冊買うたったたいな。どうして日本に持ってきたかちゅうと、本の中にまぜてね、どぎゃんして税関を通るかという時になって、税関を通るとき、『一行はこっちへどうぞ』と言うたもんね、そってすっとしたったたい。三〇人あまりいたかな、一行はこっちへどうぞ、というもんだけん、税関も何も通さんたい、ほっとしたったたい。うれしかったなあ」

「カナダに行ったこともあったなあ。カナダはインディアンと一緒だったたいなあ。インディアンと一緒で言葉のよう通じらんと。言葉のよう通じらんとバッテンが、現場に行って、写真ばとったりなんたりした。言葉は通じらんとバッテンが、被害のこととかは、よう分かった。（一緒に行った）川本（輝夫）さんも浜田さんも死ないたもんな。浜田岩男、という女島の人ですバッテンが。もうそん人も死なったもん」

〈ずっと向きあってきた水俣病事件をどう思いますか〉

（しばらく、無言が続く）

「やっぱ、経済だな。経済成長って、一番、経済がものいうばい。経済成長という考え方が水俣病を起こした大本、原因。こりゃ水俣病だけじゃなく、全部たい」

〈そういう点で日本は変わりましたか、反省というか……〉

「うんにゃ、変わらん、全然変わらんばい、やっぱ。やっぱ経済が優先だもん。今も。どうしたら変えられるか、てな。うーん。（長い沈黙の後）こらあ、私ぐらいが言うわけじゃなかバッテンが、政治を変えたっちゃ同じもんな、これは。うん、全然変わらん。やっぱ金が一番の問題じゃもん」

〈水俣という町は、浜元さんたちから見て変わりましたか。水俣に生まれ、病気になり、裁判の原告になり、これまでずっと活動もされて来られましたが〉

「変わった、というと？」

〈水俣病に対する、市民の気持ちはどうでしょうか、その受け止めは〉

「私は変わらんと思うバッテンなあ」

〈変わらない？〉

「変わらん」

〈でも、少しでも変えにゃいかんと、いろんな人がやってきているでしょう〉

「変わりませんなあ。うーん、私が見た目じゃ、変わらんと思うなあ」

〈それはどういう時にそう思いますか〉

「（再び長い時間を置いて）やっぱり、チッソ工場の社員ち、チッソに勤めとるちゅて言えば、『あらチッソに勤めとる』と言うもんな」

〈今も？〉

「今も」

〈今も昔と一緒で、一段上に見るような感じですか〉

「そうですね。今も、現在もです」

〈以前には、水俣で（患者が）これ以上は騒ぐなとか、だいぶ言われたでしょう？〉

「はい、はい、はい」

〈ああいう感じも変わりませんか〉

「変わりませんね」

〈語り部の会の会長もされましたが、語り部では、どんな気持ちでしゃべっていましたか〉

「やっぱ、世の中を汚したらだめ、ちゅうこつたい。そのころはチッソ一軒だったけん、おるがチッソぞ、と言わんばかりに、排水やらどんどん流しよったけん、そっではつまらんというわけですたい、みんなおるちゅうわけですたいな」

〈若い人たちの反応はどうですか〉

「聞く側がなあ、なかなか、中身がようわかっとらんけん、実感のわかんとたいな。難しかつばい。若い人に言いたかこつは、やっぱ、世の中を、汚さんごつたいな。世の中を汚くせんこと。自然は自然で、人間は人間で、生きていかんばんけんな」

〈今の楽しみは何ですか〉

「楽しみなあ、（しばらく無言）うーん。みんな楽しかバッテンが、人に対して、こうやって話すのが一番よかっじゃろなあ。自分の体験を話すと同時に、相手に分かってもらって、こういうことが二度とないようにするためにな、どげんしたらよかか、ということったいなあ」

〈チッソに対する思いはいろんな時点で変わってきましたか〉

「いや、全然変わらんばい。やっぱ。ずっとずーっと前から思とっとバッテンが、チッソ工場の原因でこげんなった、と、その代わりに水俣は栄えた、いうふうに考えている。そらあ水俣ばっかりじゃなく、全国たいな」

〈チッソが原因で水俣病が起きた〉

「はい」

〈その代わり水俣が栄えた〉

「はい」

〈それは水俣だけじゃなく、日本全国がそうだと〉

「そうです、そうです」

〈そういう構造、チッソに対する気持ちが変わらん、ということですか〉

「そうです」。

〈今、いろんな人が水俣病の教訓とか言うでしょう。教訓と言うのなら、それなりの覚悟、自分に対する反省も必要だと思うんですが〉

「そぎゃんところは、本人でなからんと分からん。みんなが水俣病、水俣病と言うバッテンが、どういうことでどぎゃんなって、どういう原因で、どぎゃんなったと、ようと知らん、知らんでおって、そういう、知らん人間が言うとたいな」

「やはり経済たいな、問題は経済たいな、経済。経済成長がこういう問題を起こしたつたいな。あまり栄えすぎたもん。その構造は今も変わっていません（断言するように）。もうちょっと、ゆっくりたい、な。あんまり急だったもん。変えるためには、経済をゆっくりすればよかつたい。経済、経済って急いだもん。例えば、今一〇円使えばいいのに一〇〇円を使うごつしたもん。それは今も変わっていません」

浜元さんとの話を終えて

浜元さんは今も時々、水俣病資料館で語り部としてしゃべることがあるという。語り部仲間でもある川本愛一郎さん（川本輝夫さんの長男）も病院に顔をみせるが、それ以外での患者たちとの付き合いはほとんどない。

浜元さんがいる施設には水俣病市民会議の日吉フミコ会長もいた。一〇二歳。あいさつに行くと、「あら、まあ」と驚いたような顔だったが、元気だった。患者、支援者それぞれに高齢化したが、浜元さんは「日吉さんは元気のよかもん」と笑う。水俣市内で孤立状態にあった患者家族を徹底支援した水俣病市民会議は二〇一八年一月、設立五〇年を迎えた。

以前浜元さんは、水俣病になってよかった、と言ったことがあった。水俣病になったから、いろんな人を知ったり、国内外へ出かけたり、いろんなことができた、水俣病になってお釣りがきた、と、いかにも浜元さんらしい言葉で語ったこともあったが、「今もその気持ちは変わりません」と言う。もちろん病気になってよかったはずはないのだが、それらを逆手にとるようにして生きた浜元さん。厳しい現実とそれに負けない意志の積み重なりがあって初めて出てくる言葉だろう。

話の中で出てきた、川本さんと一緒にカナダに行ったという女島の岩田さんは、女島の人によれば、このカナダ行が女島の住民が体験する初めての海外旅行だったという。水俣病の運動は激しいだけではない。こんな話が時折、ユーモラスに語られたりもするのである。

話の中で浜元さんがきっぱりと言った言葉は、「経済優先」、「水俣は変わらん」の二つ。

水俣病事件史の核心とも言うべき二つの言葉を浜元さんが繰り返したのが印象的だった。この中で、「水俣は変わらん」という言葉には少し注釈も必要だろう。語り部をはじめさまざまな場面で浜元さんらが訴え続けたことは、国際的にも影響を与え、水俣だけでなく多くの若い世代にも少なからぬ変化を持たせている面がある。浜元さんの行動と発言は決してさいの河原の石積みではなかった、と思う。

【参考資料】（以下は、水俣病裁判支援ニュース『告発』からの再掲である）

①わが苦しみの日々――水俣病に明け暮れた十六年

一九六九年十月北九州市で開かれた交流会で患者の浜元さんが行なった発言は参会者に強い感動をあたえたが、ここに掲載する手記はその時の発言をもとに、特に浜元さんに執筆してもらったものである。浜元さんはこの一文ののちに、本田告発する会会長あての私信として「先生、なんばどの様に書けばよいか、書いているうちにわからなくなってしまいました。書いたのは自分の両親のこと、過去のこと、すこし公害防止のこと。水俣病ですので人生は悲惨などいろいろ書いたが、なんだか馬鹿みたいな気がしてなりません。先生、いったい何を、どうやって書いたらよいのですか」と書きそえている。この一文に感じるところある読者諸兄は、どうか感想を浜元さんあてに寄せてほしい。浜元さんの住所は水俣市出月である。

（編集部）

悶死した父

私が黙って座っているのをごらんになると、皆様がたは、私がふつうのような体だとお思いになるでしょう。いざ行動すると、見ている人がはらはらするような体なんです。

というのは足が曲らず、棒のようにつっぱって、足を引きずるようにして歩きます。また手もふるえて、物を握るのにもよく握られませんような状態です。

今から十六年前の昭和三十年に発病し、地元開業医を五軒かかり、それでも病名がわからずとうとう熊本大学病院に入院し、熊大では体には異常なしと診断され、でもアセチレン中毒ではなかろうかという見立てでした。

その後三十一年には父が発病し、十日おくれてさらに母も発病、私と父は熊大病院にいっしょに入院しました。

父の病状は日に日に悪化し、苦しむやら、暴れるやら、居ても立ってもおられない有様でした。ベッドの上で暴れて暴れて、それはそれは、その暴れかたといったら、自分が性（しょう）があって暴れるんではなくて、すでに脳自体が暴れさせているのです。

手は壁に打つやら壁をかきむしるやら、手から血がスタスタ流れ、ベッドから落ちるやらこけるやら、それは何といっていいか、口ではいいあらわせない状態でした。

母も後を追って

そのうえ、十二、三日おくれて、母もまた熊大病院に入院しました。父ののたうちまわる苦しみを見て、つれあいの母でさえ「死なれるものなら、早よう死なせてやりたかもねね。まこてー苦しかっじゃわい」というようなありさまでした。

その後悪化に悪化を重ねて、父は発病して二十一日目に死亡、ただちに熊大病院で解剖されましたが、脳細胞はめちゃくちゃに破壊されていました。

父の死後、そのショックで母の病気もいちだんと重くなり、全然動けなくなって、ベッドの上に、耳も聞えず目も見えず、四年間の苦しい闘病生活の末、昭和三十四年に亡くなりました。妹ハスヨは健軍町の紡績工場を辞めて、その間ずうっとつききりで母の看病にあたりました。

ああ働きたい

その時の生活状態といったら、それはそれは毎日苦しい生活でした。生活のために三そうの船を売り、網も売り、そしてそれでも足りずに親戚中あっちこっちかけずりまわり、頭を下げては借金を頼みに行き、借りて来てはそれで食いつなぎながら暮して来ました。

私は過去何回か入院し、退院し、働いて来ました。家族との生活がないならば、ずっと入院できていれば、今こんな体にはならなかったと思います。今の私は廃人同様なのです。近所の人たちが元気で働いて生活しているのを見ますと、自分はあんなにして働けないのが、何よりもいちばん情けなくて、ついなみだがにじみでてたまりません。

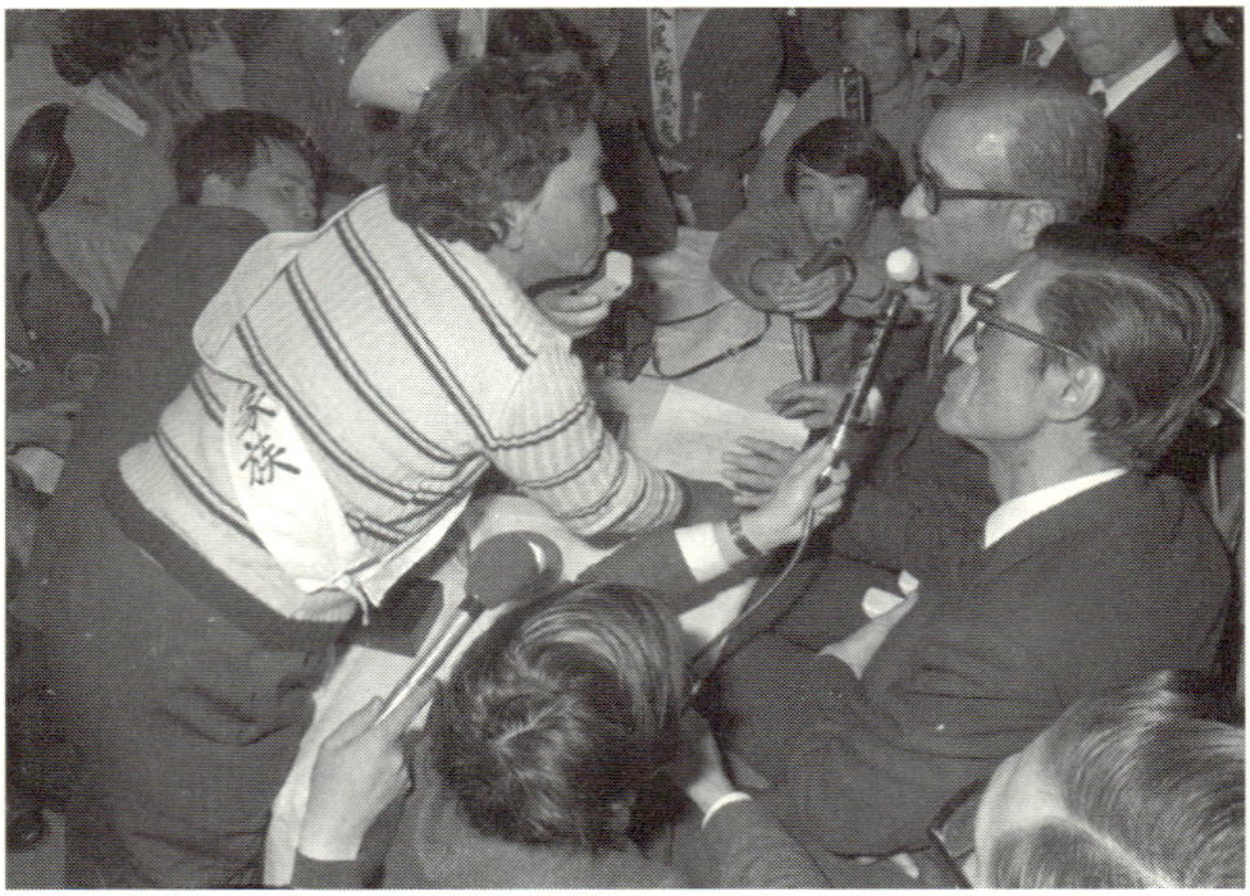

島田賢一チッソ社長（右から２人目）に詰め寄る浜元フミヨさん（1973年３月22日、東京・丸の内のチッソ本社、熊本日日新聞社提供）

私はこんな体でも働きたくて自動車の大型運転免許もとりましたが、私が水俣病だからというので、それも役に立たず、本当に残念で残念でたまりません。人間の人間としての使い方をしてくれませんでした。私はこのような非人道的なことが許されるものかと思い、人間としての正しく生きる道を強く感じたのです。

私は水俣病になっていなければ、人一倍働く能力もあるし、張りのある生活を送れただろうと思います。

姉（フミヨ）は、私と両親三人の患者と老母を支え、十六年前の二十三、四才の適令期を逃がし、家を立てて来たのです。「十六年前は女だったが、いつの間にか男になってしもたな」といいます。

私たち一家は、この病気にとりつかれて以来、ずうっと平穏な生活を送って来たことはありませんでした。これから先の自分や家族の暮しのことを考えると、夜もねむれず、居ても立ってもおられないぐらい不安な気持になってきます。私があたりまえの体なら、こんな不安も起ってこなかったろうと思います。

青春も希望も

こんな体にし、またこんな不安な心にさせた企業を許せないのです。いかなる企業とはいえ人命までうばい、また自分のようにかたわにさせた会社を許すことはぜったいできません。

今や公害は日本全国に、また外国にまで広がろうとしています。公害というのは大変おそろしいものです。自分が公害におかされ、おそろしい苦しいということを身にしみているのであります。二度と私のような体に世界中の人がならぬように、私たちは公害防止に立上っているのです。

自分は身動きもできますが、いちばん苦しいのは胎児性水俣病患者なのです。それに年頃の男性や女性です。この人たちには青春も、あこがれも、希望も、なんにもありません。先ほども書いた通り、この人たちも水俣病にかかっていなければ、さぞや楽しい人生を送ったのにちがいないと思います。

（水俣病裁判支援ニュース「告発」第八号、一九七〇年一月二五日）

②ドキュメント株主総会

鬼気せまる対決――ご詠歌、会社側を圧倒

午前十一時、総会の幕は上った。壇上には麗々しく横に一列、白布をかけた机の前に、十四人の会社幹部が並んでいた。「どうだ、おれたちはここにいるぞ！」とでもいわんばかりの人殺しの頭目ども。階段状の場内からすり鉢の底に向って、熱い怒りがなだれ、二階の最前列からいっせいに怨の字もしるく黒ののぼりが垂れ下った。

中央の江頭社長が立上る。

「私がチッソ株主会社の……」その声は「人殺し」「この位牌を見ろ」という呪いの大波におぼれ去る。「定款の定めるところにより……」江頭の声は悲鳴のようにひっきりなしに裏返る。舞台右側の事務局員による出席株数の報告も、監査役による決算報告も聞きとれない。

日吉市民会議会長の「患者にもひとこと述べさせよ」という絶叫が響き渡るが、江頭はなんらお構いなくレールの上をひた走る。「ご異議ありませんか」最前列の総会屋たちが、呪縛をとかれたように「異議なし」と叫ぶ。満場総立ち。みな口々に「異議あり」と叫んでいる。

後藤弁護士が壇上にかけあがり、右手に持った紙を振りかざしながら江頭に突進する。動議である。腕章をはめた男たちがつかみかかり、ひきもどそうとする。告発会員はどっと壇上にかけ上る。するとと舞台の上から大きな幕が音もなく降りて来るではないか。「決算議案は可決されました。続いて説明会に移ります」誰も予想しなかった手だった。まさにチッソは晴れの舞台にチッソならではの鉄面皮ぶりを見せてくれたのだ。

壇上にかけ上った人たちは会社幹部をとり囲み、口々になじる。テーブルの白布をひきはがし、たれ幕をひきずり降ろす。誰の身体にも目の前で運ばれたインチキへの怒りがあふれ、たぎっていた。しかしこのままでは患者と家族の発言の機会はない。静まろうという声が誰からとなく起り、続く説明会での対決を決意してみなひとまず壇を降りた。

ペテンといわれようと何といおうと通常議案だけは無事通したという安心感にひたされた江頭が、続く説明会でふたたび口を開いたのは十一時十五分。

「水俣病につきましては私ども患者の皆様方に誠にお気の毒と思っています（轟々たるヤジ）。責任を回避するがごとき気持は毛頭ありません。しかし、原因がまだ当社に帰因することがわからない時……」。「ウソは言うな！」絶叫する浜元さん。鬼！　人間かお前は！　会場は嵐に包まれたようになる。巡礼団はご詠歌をとなえはじめ、十七年の思いをこめた旋律は低く会場にひろがる。

江頭は続ける。「すなわち患者の方々には誠意をもって円満な解決を計ることを……（ヤジで打消される）……責任を回避するような気持はどこにもありません。次に二番目の水俣工場を閉鎖するかというご質問につきましては……」

「待えて」との声が会場に轟く。この男は水俣病についてはたったこれだけのしらじらしい回答で打切るつもりなのだ。場内の怒りはついに絶頂に達した。告発会員がたまりかねて再び壇上にかけ上る。たえて来た重い流れの栓が抜かれたのだ。そしてついに巡礼姿の患者と家族たちは次々と席をけって立った。会員たちに守られて、鈴の音とご詠歌を響かせながら、患者と家族の白い流れは壇をめがけて静かに進む。おのずから道が開かれ、宿願の対決をめざして彼等は今や壇上にあった。

〝両親でございますぞ〟位牌かざして迫る患者

情況は最初の一瞬できまった。チッソの社員は黒い奔流を一応押しとどめようとするが、身体をはる者は誰もいない。捨て身の気迫に押されて後へ後へとたじろぐ。江頭は若い一株株主たちにつかまり、背広もぬげかかって引き立てられて来た。

彼の表情にはわけがわからないといった、うつろな感じがうかんでいる。浜元フミヨさんは両親の位牌を社長の胸に押しつける。いつもはやさしいフミヨさんのすさまじい形相。田中義光さんは用意していた書き物を拡げ社長に読ませようとした。その紙片が怒りで小刻みにふるえている。患者と家族はぐるりと江頭をとりまき、その周囲をさらに立すいの余地ないほど告発者たちが固めている。

（略）

浜元フミヨさんはふたたび両手に位牌をかざして江頭に迫った。「両親《ふたおや》でございますぞ。おとうとはかたわ。両親《ふたおや》ですぞ。両親《ふたおや》！親がほしい子供の気持がわかるか。わかるか」一瞬場内は静まり返った。江頭の顔はひきつり、まるで笑ったように見えた。「なんで笑うとか。あんた、笑ったな」「いいえ笑いません、笑ったりしませんよ」彼の顔は能面のようにこわばった。

患者のはげしい悲しみの訴えが続いている間、彼は心持ち顔を上下させ、「ようくわかります。責任は感じています。だから」というようなことをくりかえすだけ。時折、自分の居場所を見失ったような表情をうかべた。患者の激しい言葉は彼を素通りして、うしろの長髪の学生に突き刺ったかのようだった。彼はスクラムに腕をとられて顔をおおうすべもなく、表情をゆがめおいおい泣きながら仲間の肩に顔を埋めていた。

未認定患者の川本さんはかたわらの告発会員に、泣きながら「何か本当にわからせる方法はなかつじゃろか」と語りかけていた。このもどかしさ、むなしさ。患者の思いは通じない。

巡礼団に随行して来た日窒労組の田上さんが江頭の肩を抱くようにして静かに言った。「社長、わたしは水俣の従業員です。ちゃんとしてくれなければはずかしかです。いいですか」。来春、首を切られようとしている一労働者が、このように社長に語りかけたのだ。

石牟礼道子さんが呼びかける。「みなさん、もう席へ帰りましょう。これ以上はもう無意味です。あとは世間様の眼がさばいてくれるでしょう。」患者家族たちは立ち上る。深い疲れを抱いて壇をおりる。「私たちは水俣へ帰りましょう」石牟礼さんの声が響く。世間様はまさに問いかけられたのだ。

（水俣病裁判支援ニュース「告発」第一九号、一九七〇年一二月一五日）

③弥勒たちのねむり

――怨念の旅と人はいう。だが社長に迫る巡礼たちはさながら菩薩の表情だった

石牟礼道子

南国の巡礼たち

重なる谷の中腹を、バスは走っていた。

暗幕のような、わたくしの左の視力の奥にも、紀州へ入る山陰のひだの藍色の、冬の気配がそくそくとどいてくる。

紀の川を越えた頃から、南国の巡礼たちは、ねむりつつあった。

――ああーあ、
思うぞんぶん、泣いて泣いて。

言おうごたるしこ、云うて、云うて……。

今日はくたびれた……。

彼女らは、ほがらかな、くったくない声をあげてそのようにいい、放意のかぎりのあくびを、なんべんもなんべんも吐き、目尻に落ちる涙の方に首をかしげ、ねむり続けるのだった。

形なき死者たちに、頬ずりしながら、ねむりこむように。

年老いかけた彼女たち、江郷下マスさんも、田中アサノ《ママ》さんも、平木トメさんも、坂本トキノさんも、ときどき、ぼうっと、まなざしをあげて窓の外をみるが、藍色の霊気がすぐに彼女らをすっぽり包みこむ。

それは弥勒たちの、ねむりの時間だった。

いま、即身成仏、という仏語は、この巡礼団に、もっともふさわしい。それはしかしなんと永く酸鼻な、〈即身〉のうつし身であることだろう。

死者葬祭の霊場といわれる高野山にむかって、生き残っているという意味での生者。あるいは聖者たちは、登りつつあった。

おそらく、既存の、霊場という霊場、宗教という宗教は、このような名もなき聖者たちの名もなき惨苦の深さによってのみ、その存在を浄化され、済度されて今日に至り来たったにちがいない。

――思うぞんぶん、泣いた泣いた泣いた――

とは、前日、大阪厚生年金会館ホールでのことをいう。

そうか――泣くにも、このひとびとには、晴れの場所が要ったろう。

晴れて泣くことさえできなかった年月とは、どのようなものであったことか。

その朝、宿舎の解放センターを出発するとき、厚生年金会館前は、菊水会の太鼓などが鳴らされている間に、私制服の警官がものものしくつめていて、異様な雰囲気だと、テレビ局が伝えていた。

そのようなテレビ画面をみながら、巡礼たちは静謐をきわめていた。

白のうちかけも、白の手甲きゃはんも、白の菅笠も鈴鉦も、お珠数も、そして、なによりも数時間後にせまっているチッソ幹部との確実な出遭いが、ひとびとを、死者たちに近づけていた。

巡礼たちは文字どおり死者たちを胸に抱いており、それは犯しがたい静謐だった。

白い菅笠の下にまっさらの白晒しを切って包んだどの顔も、まぶしく、若々しく、不思議に安らいで、うつむけたまなざしは、弥勒菩薩さながらにかがやいていた。

鳥の死なんとするや

たしかに、巡礼団は、なにかにむかって旅立っているのにちがいなかった。

参集してきた告発する会のひとびとも、菊水会も、人間的感情を持ちえてそこにきたものならば、この白の巡礼たちに、見得べからざる人間の美しさをみたにちがい。

殉教者にひざまづくためにひしひしと集る、古典の中の大群集たちのように。

出立の夜は、浜元フミヨさんさえ衿足の柔毛を剃った。

四十になろうとはしていても、おとめ巡礼なのである。白い晒木綿の手拭いを巻けば、その頸からは麦の香が匂い立つ。

「親がほしい子供の気持がわかるか、わかるか、わかるか、親がほしい子どもの気持が——」

両の手にふた親の位牌を高々とかざしながら、ギリシャ古代円型劇場さながらに、〈舞台〉の中心にかけのぼり、坐りこみ、にじり寄り、いざり寄り、修練しつくした声音でせりふをいうように、彼女はそう云い云い云い切った。高く吹きつづける笛の音が吹き切れるように。

緞帳があがり、チッソ幹部たちが照明を浴びて居並んだとき、つねになく無口になり面伏せして菩薩のような顔になっていた彼女たちの笠がさっとあがると、ひぃーっと、悲鳴のような声をあげた。

最初に出た言葉は、

「ひーとーごーろーしぃーっ」である。下段舞台にむけて、客席を区切る階があった。「ひとごろし、ひとごろしひとごろし」と泣きじゃくりながら、下段の方へ区切って細い巾に傾斜している階の手すりの上に、なんと飛びのったのである。足元おぼつかない彼女の頑丈な体を、まわりの巡礼たちが手をのべて支えあった。

声も体も手も足もふるえながら、なおかつ、弓の弦のようにぴいんと体の芯を張り、両手にかかげた位牌の間に、社長の詫状をとり出し、仁王立ちになる間、彼女は支えられていた。

彼女のその姿も声も、一きょに起きた喧噪のるつぼの中に没した。やがて巡礼たちは、暗く高い客席の間から照明のある舞台の方へ白装束を浮上させながら、しつらえられた道行のごとくにかけくだるのである。まことに、この日、厚生年金会館ホールは、総会劇にとって完ぺきな劇場であった。

坐り込んだ社長にむけてにじり寄るときの巡礼たちの面と言葉が、なんとかなしくやさしかったことだろう。

はっはっと泣きこぼしながら、

「ああなさけないっ……。なしてお前は生きとるとか」

と田中義光さんは云った。

なさけないとは、社長のみにいう言葉では、よもあるまい。

「ご詠歌をとなえてゆくことは、わが身も仏になってゆくことじゃ。機動隊が出てきてつかまえるちゅう話もあるが、死んだ霊を伴うて、わが身も仏になってゆくものを、つかまえるのなんのちゅうことはあるみゃ。もしそのようなことがあっても、おとろしゅうはなか。この前にも、わしゃひとりで修業しに出て、つまり非人《かんじん》をした身ですけん。総会に行っても、このような姿になって来ても、まだでもわれわれをお救い下さいませぬか、とわしゃ云います」

出立の前に、彼はそういうたのである。

「おなごに生んでもろうたが男になった。男からこのごろは鬼になった」

というフミヨさんも、心は鬼のつもりでこのとき鬼面ではなかった。

怒りも嘆きもかくまで極まれば、ひとの面は、ゆうにやさしく、弥勒の面に変化する。

巡礼たちは座りこんだ舞台の上で、死者たちへむけて泣き、わが身の業にむけて泣き、社長にむいて号泣した。

ひとのいのちにむけては、刀も持ちえぬ、毒薬も持ちえぬ、首吊る縄も持ちえぬ心やさしい鬼たちが、わが身は毒を盛られている両の手に、殺されたひとびとの位牌を抱き、身悶えしながら泣いたのである。天下のまなこのみつめる照明の下で。

大阪駅に巡礼団がついたとき、どこの新聞記者氏だかが、せきこんだ真顔できいたという。

「あの、水銀は、どなたが、お持ちなんでしょうか。教えて下さいませんか。チッソの幹部に呑ませるという水銀は」

「さあ、誰が持っとるか、知らんばい」

と答えて、えらい、おかしかったと、彼女たちは笠の中からくっくっと、嬉しいことを打あけるように云って笑いのける。

鳥の死なんとするやその声やよし、というけれど、死ぬるきわの死を、生きつづけてきたひとびとなのである。

泣き晴れて、束の間の一日を、ねむりこんでしまいつつある巡礼たちのまなざしの上に、高野の山は底冷えて、嵐めく風が、ごうと吹いた。

心はせる高野の山

発足の日が近づくにつれて、急速に、ひとびとの顔が、変貌してゆくのを、わたくしは息を呑んで見とれていた。

怨念への旅立ちとジャーナリズムは表現する。

ご詠歌のけいこは、田中義光師匠にとっては、おせじにも揃って相とゝのったとは云えなかったのである。

鈴鉦の振り方も、金明流ご詠歌の節の揺りも、けいこのときの正座のしかたも、「なっとらん——。これじゃ、京大阪の本場で、つまり高野御本山のある本場にゆくのに、水俣病患者はご詠歌の作法ひとつも、まともにはしきらん。魂の入っとらん、ちゅうて笑われる。

わしゃ、水俣病患者は、田舎もんじゃ、けれども、りっぱな作法でやってきた、と云われようごたる。ほんとに、仏の身になってやってきた、と。京大阪のみやこのひとのこころに訴えんがために……。

なさけなかほんに。おぼえきらんとは、やっぱり……水俣病じゃ」

「師匠どんの云わすごと、まるまる、なんでもぴしゃりとはいかんばい。五十も六十にもなってからはじめて習うとじゃもん。

むずかしかねえ。

わたしゃ、あそこがいちばん覚えきらん、あの、はかなき夢、のところ。寝てもさめても仕事もうち忘れ、心がけて唱うてみるばってん、はかなき夢のところば、はかなき恋になりにけりちゅうて、間違えてばかりおる」

彼女らは、我が振る鈴の美しさにみとれては、ただささえ覚つかない手元が、るすになり、着てゆく白衣の裾の長さなどについて話を外らし、しばしば巡礼作法のけいこは流れさった。

「国のきめてくれた銭は貰わずにおって、訴訟派は面あてに、大阪まで非人しにゆくげなぞ」

そのような市民の声の中で、にわかの師匠も弟子たちも、心はいちずに、京大阪の都と、みやこの奥の高野山にむいていた。

（水俣病裁判支援ニュース「告発」第一九号、一九七〇年一二月一五日）

④今この体が事実を証明——ストックホルム人民集会における浜元二徳さんの報告全文

今晩は皆さん。私はいま紹介にあずかりました二徳・浜元です。私は十九の時にこの水俣病になりました。というのも、チッソ廃液による汚水におかされた魚をとってたべ、こういう体になりました。

現在三十八歳です。それより先に両親とも僕が二十歳のときに水俣病になり、すでに命を奪われたので——あります。

まだまだ自分だけでなく、自分の家族だけでなく、水俣にはいっぱいこういう患者が（昂然と頭をあげ）数え切れない程おります。さらに私たちはこれが公害と分り、現在ここストックホルムに来たのも、人類の——人類の生命を大切にしてもらうがためにやって参りました。

皆さまも今、この映画をみられたと思いますが、罪もない何にもない子供を、あるいは大人の生命を奪っていきました。私たちは、このような企業に対し、さらに政府に対し、批判する――せざるを得ない立場になっております。今この体が事実証明することだから、今さら政府が悪いだとか企業が悪いだとか言いません。

先程も言うたように、こういう不自由な体で、何故ストックホルムまで来たかと言うと、私たちはこのように恐ろしい公害病、さらに、本人をはじめとする家族の苦しみ――（絶句する）多くの人にさせたくないと、その意味をもってここまできたのであります。どうか皆さんも公害に対する、さらに人間の生命――生命がいかに尊いものであるかということを非常に認識されたいと思います。

話はあとに返りますけれどもこの病気は（昭和）三十四年、ぼくが二十三歳のときに、有機水銀中毒であるということはすでに分っていたもののそれを日本政府は認めなかったのであります。みとめなかったばかりか、さらに、こういう悲劇を二度、日本国内に生みました。第二――新潟水俣病です。私たちはこのような政府に対し、さらに企業に対し、黙っておくわけにはいかず、いま裁判で、企業の責任、並びに政府の責任を追及しているところであります。

ストックホルムから熊本空港に帰って来た浜元二徳さん（先頭）と坂本しのぶさん親子（1972年６月18日、熊本日日新聞社提供）

私たちはこのような政府――いまの政府は一歩も二歩もバックした対策をとっています。これを世界中の人々に訴え、世界中の人々と共に、二歩も三歩も前進した運動の対策をしていかなきゃ「駄目」と思います。

いま日本で公害病は、水俣病、第二新潟水俣病、さらにイタイイタイ病、カネミ油症、四日市喘息と、日本は公害だらけです。それが、今や世界に拡がろうとしています。私たちは公害患者として、このような苦しみはもう、日本の被害者、患者だけで、こういうような苦しみはたくさんであります。

人間、健康で――健康にまさる幸せはないと思います。お金でそれが買えることではありません。さらにお金がここに何百万、何千万あったとて、この体は元にかえらず、死んだ生命は帰らず、そういうままに、何で幸せと言えましょうか！　皆さん！　世界の皆さんと共に、全地球――この地球が――破壊されつつある地球を皆さんの手でともに、これ以上破壊されないように、やっていこうではありませんか――運動していこうではありませんか！（いつまでも拍手なりやまず）

（水俣病裁判支援ニュース「告発」第三七号、一九七二年六月二五日）

3 石牟礼道子さんの「眼差し」

二〇一八年二月一〇日、石牟礼道子さんがパーキンソン病による急性増悪《ぞうあく》のため亡くなった。昭和二年生まれ、九〇歳だった。パーキンソン病は一六年ほど前から患っていたが、亡くなる直前まで時代と言葉に向き合い続けていた。私たちには、石牟礼道子という器に入れられた多くの生きた言葉が残された。

法名

二月一二日、熊本市東区の真宗寺であった葬儀の日は、日本列島が大寒波に覆われていたころで、熊本にも雪が舞った。「釋尼夢劫《しゃくにむこう》」。石牟礼さんが自分で付けていた法名という。真宗寺住職の佐藤薫《ふさ》人《と》氏によると、「夢」には今生きている人と死んだ人をつなぐ場所という意味がある、「劫」はサンスクリット語の時間の単位。大きな岩が百年に一度やって来る天女の触れる羽衣で削り取られるほどの長い時間。法名に込めた意味を本人に直接聞くことはかなわなくなったが、「夢」は、「もう一つのこの世」などといった言葉を使った石牟礼さんらしい言葉ではあった。

石牟礼さんの詩集『はにかみの国』の中に、こんなくだりがある。「海と天とが結び合うその奥底に、私の居場所があるのだけれども、いつそこに往って座れることだろうか」

この言葉に沿って考えれば、石牟礼さんは生前も亡くなった今も、実は同じ「海と天とが結び合うその奥底に」ずっと座っているように思う。法名の「夢劫」の世界かもしれない。

印象深い言葉

二〇一七年夏。かつて東京・新宿にあったバー・ノアノアを経営していた若槻菊枝さんの一生を描いた『若槻菊枝　女の一生』（熊本日日新聞社）の帯の文章を石牟礼さんに依頼したことがある。知人を通じて著者の奥田みのりさんが頼んできたのだ。

若槻さんは新潟の出身。バー・ノアノアの店内に「苦海浄土基金」という箱を置き、客からのカンパに自身のカンパも加えて水俣に送り続けた人である。上京した患者のために自身の家を提供、石牟礼さんには書斎も用意した。支援の女子大生がアルバイトで働いた。一九七〇年代、時代の熱がまだたっぷりあったころだ。ノアノアは画家ゴーギャンにちなんだタヒチ語で「香《かぐわ》しい」という意味である。若槻さんは絵も描いた。

依頼に行った時、石牟礼さんは体調を崩して熊本市内の病院に入院していたのだが、用件を言うと、「しばらく待って下さい」と言って何か考えるふうで、そしてやや震える声で一気に語ったのである。

「若槻さんは私より一〇歳年上だったが、経営する新宿の『ノアノア』に行くと、とても喜んで迎えてくれました。『泊まっていけ』というので、よくお宅にもお邪魔した。新潟のご出身で、豪快で色っぽい人でした。若槻さんからもご主人からもお便りをいただき、印象に残ることが多い。若槻さんの絵は今も熊本にあります」

「豪快で色っぽい人だった」が帯の見出しになった。本の帯ということを踏まえた、簡潔な文章。しかも若槻さんをよく知る人も納得する内容だった。

パーキンソン病もあって会う度に痩せて、言葉も聞き取りにくくなっていったが、しかし聞き取れた言葉は明晰《めいせき》だった。

亡くなって思い出したこともある。もう四〇年ほど前になろうか。映画プロデューサーの山上徹二郎氏が、初めて個展を開いた時のことだ。案内状の推薦文を石牟礼さんはこう書き出していた。

「山上くんのこと。羚羊《かもしか》が靴をはいて、東京を歩いている」

「羚羊《かもしか》が靴をはいて」という言葉がちょうど二〇歳になったばかりの山上氏の細い足を言い得て妙だった。

「四銃士」

半世紀にわたって水俣病事件と向き合ってきた医師の原田正純さんが二〇一二年六月、急性骨髄性白血病のため七七歳で亡くなった時、石牟礼さんはお別れの会で、車椅子からこんなふうに語りかけた。

「集団検診で熊大の先生方が、奇病が多発していた村々の公民館に村の人たちをあつめられて調べておられましたけど、子どもたちが、ネコの子が甘えて人間のそばへやってくるような雰囲気で、原田先生にとりすがって、甘えて、顔を見上げていたりして、そういう子どもたちと原田先生は戯れていらっしゃいました。原田先生がお見えになると、そこは、原始の野原に解き放たれたような、のびのびとした温かい広々とした気持ちになるらしく、それからの長い年月、魂のやすらぎがあった日のことを覚えているのでしょう。

原田先生にお目にかかると、たいへん人間が生物として持っているのびやかな気持ちにならせていただいて、励まされて『苦海浄土』という本を長い間かかって書きましたけども、人はいかに生きるかというお手本を、いつもニコニコして、なにげないお言葉でおっしゃっていました」（注1）

こう言った後、石牟礼さんは「花を奉る」を読み上げたのだった。

「花を奉る」は、熊本市健軍にある真宗寺の親鸞七五〇年御遠忌法要の際、「表白（ひょうびゃく、仏への言葉）として書いたものだ。真宗寺との関係について石牟礼さんを支えた思想史家の渡辺京二氏がこう書いている。「一九七八年には、真宗寺の住職佐藤秀人氏の知遇を得、同寺脇の借家に仕事場を移した。もともと親鸞の和讃に深く心魅かれる彼女であった。真宗寺の行事のために独特の表白文『花を奉るの辞』を書いた」（渡辺、二〇一三、一二七頁）

筆者が勝手に命名したものに「四銃士」がある。フランスの作家アレクサンドル・デュマ・ペールの作品『三銃士』にならったもので、「四銃士」とは医師の原田正純、環境工学者の宇井純、写真家の桑原史成の三氏、そして作家の石牟礼道子さんの四人である。一九六〇年代、水俣病事件が水面に浮上し、そしてまた深い底に沈んだ時期。四人はそれぞれのテーマで水俣で起きているただならぬ事態に向き合っていた。四人の仕事の豊かさが、今、私たちが水俣病事件の実相を知る上で貴重な手がかりとなっている。

実は原田氏にも、石牟礼さんの印象は忘れ難いものとして残っていた。原田氏は生前、言っていたものだ。「検診の会場に行くと、決まって彼女がいた。最初は保健婦さんだろうと思っていた」。ノートも持たずに立ち続け、心に焼きつけた光景がその後、『苦海浄土』をはじめとする一連の作品群となって結実する。

石牟礼さんと出会ったころの思い出をかつて宇井氏がこんふうに語ったことがある。一九六二年ごろのことという。「石牟礼さんたちが言っていたものです。『悔しいけれど歯が立たない。でも、だれも読まなくても記録だけはしておこう。ゴキブリかネズミが、そのうちに知能を持つようになったら、人間はこんなバカなことをしたんだと言うだろう』って」（注2）

『現代の記録』

「悔しいけれど歯が立たない」と石牟礼さんが語っていたころの雑誌がある。表紙に『創刊号　現代の記録』。末尾に「一九六三年十二月十日発行、発行所　記録文学研究会　水俣市浜三九〇一（日当）石牟礼道子方」。石牟礼さん三六歳。教師だった石牟礼弘氏と結婚、長男道生氏をもうけ、短歌を詠み、詩人の谷川雁が主宰する「サークル村」に参加した後のころである。

チッソの労働者、水俣市職員などからなる編集委員会。石牟礼さんは創刊号に、「西南役伝説⑵」を書き、「座談会水俣庶民史①　コレラの神様を鉄砲でうつ」では、当時平凡社の『太陽』編集長を務めていた水俣出身の谷川健一氏らとともに、五人の語り手の聞き役となっている。コレラなどの伝染病が流行した時に、どうやって食事を運んだかなどを細かく聞いているのが、いかにも石牟礼さんらしい。そして、（石牟礼）という表記がある編集後記にはこうある。

「最終原稿をめくっている時、三池のニュースが入った。労働者達の中には、スクラムを組んで座ったまゝ、こと切れていた姿があったという。何たることか。彼らの声を遮断した闇をかきわけて、わたし達が今、彼らと交わしうる対話とは何か。全ての運動の内部にむけて問いかけている彼らの言葉をきゝわけられるか。見えざる三池がなんと数知れず埋没しつゞけて来たことか。（中略）わたし達の間に深化し、潜行しているアウシュビッツがある。

豚小屋の匂いのこもる編集小屋にへばりつきながら、状況を刻みつけ得ない無念さをこめて、九月に出す筈だった創刊号を出す」

ここにある「三池」とは当時、「総資本対総労働」の闘いとも呼ばれ、六〇年安保闘争と並んで戦後の転換点の一つともなった福岡県大牟田市の三井三池炭鉱をめぐる争議のことだ。『現代の記録』は創刊号を出して終わるが、水俣在住の書家渕上清園氏が書く表紙「現代の記録」の太い題字と、

（石牟礼）と書かれた編集後記が時代精神と雑誌にかける意気込みの強さを物語る。
また『現代の記録』にはこんな創刊宣言がある。
「意識の故郷であれ、実在の故郷であれ、今日この国の棄民政策の刻印をうけて、潜在スクラップ化している部分を持たない都市、農漁村があるであろうか。このようなネガを風土の水に漬けながら、心情の出郷を遂げざるを得なかった者達にとって、もはや、故郷とは、あの、出奔した切ない未来である。

地方をでてゆく者と居ながらにして出郷を遂げざるを得ないものとの等距離に身を置きあう事が出来れば、わたし達は故郷を媒体にして民衆の心情とともに、おぼろげな抽象世界である〈未来〉を共有する事が出来そうにおもう。その密度の中に彼らの唄があり、わたし達の詩《ポエム》があろうというものだ」

「一九六八年一二月二十一日未明」という日付のある講談社文庫新装版の『苦海浄土　わが水俣病』のあとがきに、石牟礼さんはこの「創刊宣言」を自分で書いた文章として紹介している。石牟礼さんが生涯見ようとした世界と、歩み始めた道がどこに向かっているのかが伺える文。「創刊宣言」は石牟礼さんが立てようとした自身の「旗」でもあるようだ。

普遍ということ

『苦海浄土　わが水俣病』は、池澤夏樹氏が個人編集した『世界文学全集　全三〇巻』（河出書房新社）には、日本から唯一入った作品である。

『苦海浄土』の一部は一九六〇年に『サークル村』に発表され、その後、渡辺京二氏が編集をしていた雑誌『熊本風土記』に『海と空のあいだに』として掲載された。渡辺氏はその成立過程の〝秘密〟をこう書いている。

「『苦海浄土』は聞き書なぞではないし、ルポルタージュですらない。それでは何かといえば、石牟礼道子の私小説である」。石牟礼さんはこう言ったという。「だって、あの人が心の中で言っていることを文字にすると、ああなるんだもの」（渡辺、二〇一三・一三一一五頁）。

「いわば近代以前の自然と意識が統一された世界は、石牟礼氏が作家として外からのぞきこんだ世界ではなく、彼女自身生れた時から属している世界、いいかえれば彼女の存在そのものであった」（渡辺、二〇一三・二一頁）。

普遍性という岩盤に到達しているかどうか。それが文学というものの意味だとすれば、フィクションであるか、ノンフィクションであるかなどに決定的な意味はない。『苦海浄土』が人間と社会の普遍性という岩盤を深く穿っているからこそ、多くの人の魂を揺り動かすのだ。地方の、庶民の、自然とともにあるまっとうな暮らし。それを「利」のために一方的に破壊する側の凶暴さと無自覚さ。とりわけこの無自覚さというものが事件の陰影を暗くする。

確かな言葉が自噴するまでには、地下水脈を通っていく長い時間が必要なのだろうが、いったん自噴した言葉は、普遍性という脈を打つ。石牟礼さんの語り口もそうだが、最初は深い霧の中にいるような感じなのだが、しばらくすると、その霧の中から〝問題の核心〟が現れてくる。

石牟礼さんはかつて、水俣病事件を絵に例えて「見えないデッサンが深い色で塗り込められている」と語ったことがある。塗り込められた原像をどこまで掘り出すことができるのか。それは終生のテーマとなった。

版画家の秀島由己男さんとの対談で石牟礼さんはこんなふうな言い方をしている（季刊『暗河』2、一九七四年冬）。

「自分が出したい色というのは、まだ技法の表面に出ない感性の血脈のようなものでしょう。つまり自分の血とか体質とか同じようなものでしょう。色が自分のものになるまでには、文章だってそうだけど……」

石牟礼さんは「ただモノクロームといっても、色を感じさせるものがないと……」という言い方もしている。モノクロームであって、色を感じるもの、石牟礼さんが格闘し続けた場所である。有限と無限、微細と極大。相反するものが、石牟礼道子という一つの器に矛盾なく同居する世界があった。

『苦海浄土』の中にこんな場面がある。

「水俣病のなんの、そげん見苦しか病気に、なんで俺がかかるか」

彼はいつもそういっていたのだった。彼にとって水俣病などというものはありうべからざることであり、実際それはありうべからざることであり、見苦しいという彼の言葉は、水俣病事件への、この事件を創り出し、隠蔽し、無視し、忘れ去らせようとし、忘れつつある側が負わねばならぬ道義を、そちらの側が棄て去ってかえりみない道義を、そのことによって死につつある無名の人間が、背負って放ったひとことであった」

あるいはこんな表現もある。

「水俣病を忘れ去らねばならないとし、ついに解明されることのない過去の中にしまいこんでしまわねばならないとする風潮の、半ばは今もずるずると埋没してゆきつつあるその暗がりの中に、少年はたったひとり、とりのこされているのであった」

事件を生み出した側が、隠蔽し、無視し、忘れようとしている……。一方で取り残されていく被害者……。この構図は果たして完全に過去のものになったのだろうか。『苦海浄土』は私たちの社会の幹を今も問い続けている。

水俣行

二〇一六年四月。桜の花のころに、石牟礼さんや渡辺氏らと水俣に向かった。

渡辺氏は車の中で、水俣病をめぐる出来事が激しく動いていたころ、水俣と熊本を夜遅く車で往復していたことを振り返り、「随分、昔の話になったなあ」と感慨深げに語った。「あのころ」から半世紀が過ぎた。熊本―水俣間、片道およそ一〇〇キロ。国道三号線には三太郎峠という難所があった。

日吉フミコさんや松本勉氏、石牟礼さんらが水俣病対策市民会議（後に水俣病市民会議）を結成したのが一九六八年一月のことだ。患者家族を物心両面から支援する水俣での初めての組織だった。石牟礼さんの呼び掛けに応じて、渡辺氏らが水俣病を告発する会（本田啓吉代表）を発足させるのが一九六九年四月。機関紙である水俣病裁判支援ニュース『告発』創刊号の案内には、「『水俣病を告発する会』は、水俣病患者と水俣病市民会議への無条件かつ徹底的な支援を目的としている。水俣病を自らの責任でうけとめ、たたかおうとする個人であれば誰でも加入できる」とある。以後、全国に「告発する会」が生まれ、毎月発行の『告発』は最大一万九〇〇〇部を数えた。石牟礼さんはここでも患者家族紹介をはじめ現地・水俣の息遣いを伝え続けた。

『告発』創刊号に、石牟礼さんの「復讐法の倫理」がある。「銭は一銭もいらん、そのかわり会社のえらか衆の上から順々に有機水銀ば呑んでもらおう」。患者の声として書かれたこの言葉は、脅しではなく、自分たちのことを何とか分かってほしいという、いや、人であれば分かってくれるはずだ、という切ないまでの願望の裏返しであった。

一九六九年六月、患者家族がチッソを相手に初めての訴訟を起こす。水俣病一次訴訟である。『告発』創刊号の患者家族紹介は石牟礼さんによる原告団長の渡辺栄蔵さん。見出しは「はにかむ老少年　水俣市湯堂71歳」とあり、記事には、提訴の日の渡辺さんのこんな言葉が紹介されている。「今日ただいまから、私たちは国家権力に対して、立ち向かうことになったのでございます」。そして、こう締めくくられる。「根っからの漁師ではない。おヤジさんの大八車をガラガラ押して大道あきないの旅をして歩いた幼児の話をするときたのしげである。村々の祭をめざして、ニッキ水やタイ焼や下駄のはな緒を売りにゆく話。『ジイが、こういう旅をしながら、水俣のとっぱなにきて漁師になった』と語り伝えておきたくて、タイ焼の鋳型を大切に保存している。その孫たちは三人とも水俣病」

一九七〇年のチッソ株主総会。一九七一年一二月から始まる川本輝夫氏らの自主交渉。一九七三年三月の一次訴訟判決とその後の東京交渉。こうして書けば、当時、水俣病をめぐる動きが大きな激しい渦をつくっていたことが分かる。この渦の中に石牟礼さんの姿はあった。患者家族を支援する市民や学生が手にした黒地に白抜きの「怨」と書かれたのぼりや、「死民」というゼッケンは石牟礼さんの発案だった。

二〇一六年の水俣行には、石牟礼さんの長男道生さんも名古屋から駆け付けた。発作が起きてそう長居はできなかったが、水俣湾を回り、第一号患者が確認された水俣市月浦の坪谷という小さな入江にも降りた。車の中で「もっと海の近くに」と繰り返していたのが印象的だった。海を見たいということのようだった。例えば、水俣湾をコンクリートで埋め立てた側が、かつての渚を親水護岸と呼ぶことの何とも言えぬ奇妙さ。石牟礼さんが問い続けたことの一つは、こうした奇妙さに無自覚な私たちの社会の在り方だったようにも思う。水俣行から八日後に熊本地震の前震が起きた。

記録ではなく、記憶

水俣病事件で語られることが多い石牟礼さんだが、見ていた世界、感じていた世界は広く、その時間軸は長かった。

一九八〇年に出版された『西南役伝説』（朝日新聞社）は、一八七七（明治一〇）年に起きた西南戦争に題材をとったものだが、本の意図についてこう書いている。「目に一丁字もない人間が、この世をどう見ているか。それが大切である。権威も肩書も地位もないただの人間が、この世の仕組みの最初のひとりであるから、と思えた。それを百年分くらい知りたい」（単行本あとがきから）

古老たちが語る、いわば民衆の記憶。記録ではないところが石牟礼作品のキーワードでもあろう。そこは、二項対立、二分法の世界とは対極の世界がある。

石牟礼さんは一九九九年にはキリシタンの島原・天草一揆に題材をとった『春の城』を『アニマの鳥』（筑摩書房）と改題して出版する。天候不順が続いたにもかかわらず過酷な年貢を取り立て、一方でキリスト教を禁じた徳川幕府。これに異議を申し立て、三万人を超える人々が長崎・島原の原城に立てこもるのだが、やがて男も女も子どもも老人も皆殺しにされる。天草・宮野河内（現在の天草市河浦町）に生まれた石牟礼さんにとっては原郷の物語でもある。

熊本という土地は近代史において思想的な独特の温度を持った土地である。徳川幕府がようやくその政治的基盤を整えようとする近世の入り口で起きた島原・天草一揆。その徳川幕府が終焉《しゅうえん》を迎え、明治維新が成り、日本の近代がスタートしたばかりの一八七七年に起きた西南戦争、さらには昭和という時代の、高度成長というこれまで日本人が経験したことのないスピードで走る中で起きた水俣病事件。この間に流れる時間はおよそ四〇〇年。近世、近代、現代、いずれも熊本を重要な舞台として起きている歴史上の出来事である。石牟礼さんはおよそ四〇〇年にわたる時空を、『春の城』、『西南役伝説」『苦海浄土』という三つの作品群で連続させている。いつの時代も、日本という国の中心にあるのは「中央」、あるいは「都」である。その「中央」、「都」に異議を申し立てる鄙《ひな》の民がいる。石牟礼さんは、そういう辺境の民の声、鄙の民の中に、あるべき共同体を幻視しようとしていたのではないか。

注1　熊本学園大学水俣学研究センター　『水俣学通信』第29号　二〇一二年八月一日
注2　熊本日日新聞　一九八六年一一月一八日付朝刊
メモ　石牟礼道子さんの忌日は「不知火忌」と名付けられた。二〇二二年二月一〇日には、真宗寺（熊本市）境内の一角に完成した墓の開眼供養があった。墓石は石牟礼さんの出身地天草の石で、自筆の法名「夢劫」が刻まれている。

4　コラム「水俣病展2017」

「水俣病展2017」が二〇一七年一一月一六日から一二月一〇日まで、熊本市中央区の熊本県立美術館分館で開かれ、期間中、関連プログラムも合わせて約九六〇〇人が来場した。主催は認定NPO法人水俣フォーラムとグリーンコープ生協くまもと。

水俣フォーラムは一九九六年九月、東京のＪＲ品川駅に隣接する空き地で開催された「水俣・東京展」を継承して発足。チッソという会社の歴史や水俣病患者が歩んだ歴史と闘い、水俣湾の水銀ヘドロや不知火海の漁具、水俣病患者の遺影などを展示し、全国二四会場を巡回、一四万人が来場した。熊本市では初めてとなる熊本展は二〇一六年一〇月～一一月に予定されたが、同年四月に熊本地震が発生、延期されていた。

会場の熊本県立美術館分館の一階から四階までの全館を使用。展示はＪＲ九州の観光列車「ななつ星in九州」をデザインした工業デザイナーの水戸岡鋭治さんが監修した。主催したグリーンコープ生協くまもとの関係者によれば、会場にあった田中実子さんの大きなパネル写真の前でじっと眺め入る女性がいた。聞けば、当時看護師として働いていた熊本大学医学部付属病院でまだ幼かった田中実子さんと出会ったのだという。実子さんが公式確認のきっかけとなったチッソ付属病院への入院は二歳一一カ月の時のことだ。その後、熊本大学に転院したのだが、時は経過し、この看護師さんも八八歳になっていた。何という時間の長さだろう。熊本展ならではの出来事だった。

「水俣病展２０１７」では対談、座談会、上映会など八つのホールプログラムが設定された。「『私と水俣病』――患者さんのお話から」は緒方正実さん（建具師、患者）と香山リカさん（精神科医）、「『1人からの可能性』――石牟礼道子と原田正純」は柳田邦男さん（ノンフィクション作家）、池澤夏樹さん（作家）、小宮悦子さん（キャスター）、「映画『水俣――患者さんとその世界』完全版」上映、「『私と水俣病』――患者さんのお話から」は加賀田清子さん（胎児性患者）といとうせいこうさん

（クリエーター）、「シンポジウム『水俣から考える――命《いのち》の意味』」は緒方正人さん（漁師、患者）、中村桂子さん（生命誌）、上田紀行さん（文化人類学）、竹下景子さん（俳優）、「加藤典洋さんと映画『水俣病――その20年』を見る」、「『私と水俣病』――患者さんのお話から」は杉本肇さん（漁師、患者家族）と若松英輔さん（批評家）、「『私と水俣病』――患者さんのお話から」は川本愛一郎さん（作業療法士、水俣病患者家族）と山田真さん（小児科医）がそれぞれ登壇した。

「映画『水俣――患者さんとその世界』完全版」上映は、主催者の予想を超えて会場のDenkikanに入りきれない人出となり、上映前に入場制限。会場を変えて再上映された。

シンポジウム、対談、座談会ではそれぞれの立場から、事件を核に置いた発言があった。患者の杉本栄子さんの長男肇さんは栄子さんが亡くなる直前に「もう少し生きろごたる（生きていたい）」と言ったことを紹介。「母は生かされていた」と語る肇さんは、差別などでつらいことも多かった栄子さんの生だったが、「それでも、もっと生きたいという気持ちがあったのはよかった」と振り返った。「よかった」という肇さんの言葉に、生というものに肯定的だった栄子さんの変わらぬ気持ちが表れていた。

「病が発症した時から事件が始まったのではない。それ以前に食という行為があった」と語ったのは緒方正人さんだ。緒方さんは漁師の立場から「共生があるなら、共苦もあるのではないか。生き物として毒を引き受けたということも考えられる」とした。人は自然の命の連環の中に生かされているという、緒方さんならではの発言だった。

展示やホールプログラムで語られた水俣病がある一方で、展示でもホールプログラムでも語られなかった水俣病もある。それだけ裾野の広い事件でもある。若松英輔さんは「(大事なのは) 水俣病を生きた人間が存在するということ。本当に大事なものは何か。それを考えるのをやめたら終わり。水俣病は存在しなくなる」と問題提起した。

川本愛一郎さんは「水俣病ではなく水俣病事件。病気ではなく事件が起きたんです」と語り、事件の根本に差別があったことを指摘した。医師の立場で福島に通う山田真さんは既に福島でも風化が進んでいることを紹介し、「水俣病問題は未解明だが、一方で (福島で) 新たな水俣病が起きているのかもしれない」と危惧した

ホールプログラムを通して一本の棒のように貫いていた問題意識。それは事件の歴史と意味をこれからどう次の時代へ伝え続けていくか、ということだった。

Ⅲ

孫に語る猫実験

——公式確認（1956）前後を知るために

一九五六年五月一日、原因不明の中枢神経疾患の多発の届けをチッソ付属病院から受けたのが熊本県水俣保健所長の伊藤蓮雄である。伊藤はその後、水俣湾産の魚介類を猫に与える猫実験を行い、水俣病の発症を確認する。その伊藤が公式確認前後の模様や猫実験の詳細を孫に語った二本のテープ（各一時間）がある。亡くなる二カ月前のことだ。「私が水俣病の発見者」という発言をはじめ、事実誤認、日時の混乱、錯誤が見られ、この問題は解題で触れていくが、孫に語る伊藤氏の肉声テープは今から六〇年以上も前の当時の雰囲気を伝えるとともに、差別など今につながる問題を関係者が当時、どう意識していたのか、あるいはしていなかったのかを知る手掛かりともなっている。本書の8のテーマでは「サインを見逃すな」「原因究明はゴールではなくスタートだった」「予防に勝る対策なし」に触れる問題である。読みやすくするために、本文に〈　〉で小見出しをつけた。テープを再生、文章化したのは熊本学園大学水俣学研究センターである。本文は同センターの水俣学研究8号（二〇一八年三月）に加筆した。参考事項は注記で付けた。＝テープ本文で読みにくい部分は（　）を入れて補足した。

水俣病のおはなし　きぬ子へ贈る（テープ1）

水俣保健所　元所長　伊藤蓮雄

〈八〇歳のおじいさん〉

今日は、平成三年五月の二九日です。今からテープに私、録音します。私は明治四四年生まれで、八〇歳のおじいさんです。そして、付属小学校、熊本大学付属小学校五年生、伊藤きぬ子のおじいさんなんです。八〇歳ですからねえ、頭が少しぼけているかと思うと、そうじゃございませんよ。ただね、歯が半分ないから、言葉がはっきりしないわけですが、水俣病のことをね、録音しときたいと思います。

実はね、私は医者ですけど、私が水俣病の発見者なんです。ねえ、それで水俣病のことについて録音するわけですけども、なぜ水俣病があんなに世間で騒がれるか、それから裁判とか何とか、大変な問題を、社会的な問題を起こしていますね。そういう問題などについてお話しします。私医者ですから、水俣病の話になると、専門的になって分かりにくくなるおそれがありますので、皆さんに分かりやすいように、ほかのことなどもいろいろ織り交ぜてお話ししますよ。

〈明治という時代〉

さっき申しましたように私は、明治四四年生まれですからねぇ、私が生まれた翌年に、明治四五年、明治天皇がおかくれになって、そして大正になったわけです。大正は一五年、一五年に大正天皇がおかくれになって、非常に早死にでしたけどね、そして大正は一五年から昭和の時代に入る。昭和が約六〇年、続きましたね。非常に長い時代でした。この時代は、私が考えてみますと、非常に変化の多い時代で、日本の歴史上振り返ってみますと、約八〇年……、じゃない、六〇年ですかねぇ、六〇年といっても、日本の歴史の昔の何百年にも相当するような変化があったような気がします。

私は大正六年に小学校に入りました。

「ハタ、タコ、コマ」という国語の本のことを覚えていますけど、その当時、こんな歌を私たちは歌っていましたよ。「北は樺太千島より　南台湾膨湖島　朝鮮八道おしなべて　我が大君の食《を》す国と　朝日の御旗ひるがえす　同胞すべて六千万」、もう一回言いましょうか、「北は樺太千島より　南台湾膨湖島　朝鮮八道おしなべて　我が大君の食《を》す国と　朝日の御旗ひるがえす　同胞すべて六千万」。ねぇ、この歌で分かるように、その当時の日本は、北は樺太、今のサハリン、サハリンの南半分と、国後、択捉などの千島列島、それから北海道、本州、四国、九州、沖縄列島、それから台湾ね、台湾とそれから、台湾と中国の間にある膨湖島、さらに朝鮮半島までも。そこに日の丸の旗がはたはたと翻っている。そして、天皇陛下が治めておられる。大日本帝国なんて言葉がそのころはやっておりました。今ごろ、こんなことを言うとぶたれますよねぇ。そんなに日本は大きな国だった。東洋における一大強国であったわけです。

なぜそんなになったかと言うと、明治時代に、明治の人たちが、一生懸命努力をして、日本を、外国の文化を取り入れて、そして日本を近代国家に仕上げて、強国につくり上げたわけです。皆さんご存じのように、明治の初め、明治の初めは徳川時代の鎖国時代から夢が覚めて、そして外国の文化がどっと日本に押し寄せた時代でしょ。

明治の初めには男はちょんまげを結っとった。刀を差しとった。外国人が「あれあれ、日本人は頭の上にピストルを乗せとるわい。怖い怖い」なんか言いよった。それが、外国のいいところ、イギリス、ドイツ、アメリカ、フランス、そういうところから、もう、いろんな生活上のこととか、それから機械とか、何やかんや、電気もそうですよ、ねぇ、取り入れて、そして日本を明治時代に立派な国につくり上げたわけです。

〈大正へ〉

そして大正時代に入ったわけですが、私は大正六年、大正六年に小学校に入りました。しかし、その当時、そんな「北は樺太より…」ていう、そういう歌を歌う強国である、日本は大日本帝国だ、なんか言いよったけれども、生活文化というというものは非常に低いもんでしたよ、伝染病は流行するし、それから結核ははやるし、食べ物なんかお粗末なもんでした。トマトなんかなかった。それからジャガイモも珍しかったねぇ。それからご飯はまきで炊いとった。山から木を切ってきて、まきで炊く。まきで炊いた残り火を、今度は七輪て言いよったけど、コンロの中に入れて、そしてそれに炭を継ぎ足すほうはいい方だったね、それで、お湯を沸かしたり、イモを煮たりなんかして食べとった。今は年から年中、イチゴやスイカはあるけども、スイカは夏、キュウリも夏、冬はダイコン、食べ物もお粗末なものでねぇ。もちろん電気冷蔵庫なんかありゃしない。氷も珍しかったからねぇ。そして、学校の生徒は洋服を着ている人はいなかった。全部着物着て、そして下駄を履いて行きよった。だから運動会なんかん時は大変でしたよ。服装を整えるのにねぇ。大国、東洋の大国と言って威張っとっても、内容は非常に貧しくて、まあ、貧困、貧困と言ったほうがいいでしょうね。自転車も珍しかったからねぇ。自転車。

〈昭和の時代〉

それから、ヨーロッパで戦争が始まった。ドイツが戦争をうっ始めましてねぇ。イギリスやらアメリカやら相手にして戦争をうっ始めた。それを第一次世界大戦という。日本はこれは連合国の方に味方をして、そしてドイツが東洋で占領しとった所を、軍隊を派遣して、日本がそこを制圧したわけです。

日本は戦争にたいしたお金を使わなかったので、その後ちょっと景気が良くなったわけです。そうして、大正時代から、今度は、さっき言ったように大正は一四年で終わって、昭和の時代に入るわけです。

ところが日本はやっぱり「同胞すべて六千万」と言いましたけれどもねぇ、まあ人口も少しは増えたでしょう、文化の程度もそう高くならんし、就職なんかもほとんどないしねぇ、やっぱり、なかなかうまくいかんので、戦争をうっ始めた。まず最初に起こったのが支那事変ていう、その当時、中国のことを支那と言っとった。中国にたくさん兵隊を送って、そして占領して戦争を始める。戦争にはたくさんのお金がいる。それからどんどん拡張、拡大して、太平洋戦争になってしもた。

そうして、最後はアメリカその他の国から爆撃をされて、日本の都市という都市は、主な都市はねぇ、もうめちゃくちゃに壊されてしまったわけですよ。もう、住む家なく、たくさんの人たちが爆撃で亡くなるし、もう生活もでけんようになってしまった。

ところがね、幸いなことには日本という国は、皆さん、地図見ると分かるように島国でしょ、そしてねぇ、島の七割か八割が山なんですねぇ、山岳地帯。そして雨が多い。雨がよその国の倍ぐらい降る。それで、だからきれいな川がたくさんあちこち日本全国にある。ありますから飲み水には困らない。人間は生きていくのに水が大切ですからねぇ。それから周囲が海だから、塩水だから、海の水から塩を取って、そして人間が生きるために必要な塩と水。それから爆撃はされても田んぼなんかは残っとったから、そこに米は作る。そしてまたカライモを作る。食料も作る、一生懸命努力してどうやら、どうやら食べていっとった。

それから戦勝国、戦争で勝ったアメリカからは脱脂粉乳ちゅうて、脱脂粉乳ね、それを学校給食とか、子どもたちのために送ってくる。それから放出物資で、向こうの人たちが着古したオーバーとか、衣類、そういうものをどんどん日本にくれて、まあ、生活はどうやら、やっと生きていけるようになった。そして、まぁ、日本人ちゅうのは一生懸命働きますからね、さっき言ったように「北は樺太千島より」なんかあんな領土はもうなくなってしまって、四つの島になってしまったわけでしょ。そして外国に行っとった軍隊やらその他の人たちが引き揚げてきたから、もういっぱい人間が増えて、そして食糧は足らんで、まぁ大変でしたよ。

しかしながらさっき言ったように飲み水とか、塩とかそういうものはあるし、また海にはお魚があるからねぇ。ただお魚はおっても、お魚を取る道具もなんも戦争でなくなってしまっとった。船もなくなっとったからねぇ。それで困っとった。一生懸命皆が働いて、そしてどうやら、生活ができるようになってきたわけです。

〈戦後の混乱〉

一方、生産に励まんといかんというところで、生活に必要な自転車、自転車も作らにゃいかん、それからそのほかの、まぁいろんなものを作らにゃいかんと。鍋釜も作らにゃいかんと。何やかや、いろんなものを作り出してきたわけです。製造をね。いわゆる工業製品を作って。ところが日本には、何がないからねぇ、資源が。あるのは石炭ぐらい。石炭をどんどんどん掘って、そして石炭を燃料にするし、それから山には木が生えとったもんだからねぇ。木を切ってきて、そして炭鉱の坑木という、炭鉱の中に炭鉱が壊れないように坑木にする。それから山から木を切ってきて製材して家を造る。家を造るにも、もう材木が足らん。そんなら木を植わせち、じゃんじゃかじゃんじゃか木を植わした。あんまり植えすぎたもんだから、今見てごらんなさい。日本国中杉林ばかりになって、杉の木ばかりになって、そして杉花粉でアレルギーを起こす、まぁそういうふうになったけど。そんなにまぁ、日本に足らん物を増やさにゃいかんと、皆が努力したわけです。

そうして、昭和、戦争が終わったのが二〇年でしたからね、昭和二〇年を過ぎて、そして二〇年の終わりごろは、少しはまぁ生活が良くなってきたわけです。自転車も出るし、それから変な自動車みたいな乗り物も出てきたねぇ。オート三輪ちゅうのがいっぱい出てきた。

〈チッソ水俣工場〉

今度は水俣のことに話が移りますが、水俣はね、あれは明治時代にイタリーからアンモニアをつくる工業を、野口さんという人だったか、イタリーから買ってきて、そして工場を水俣につくっとったわけ。空気（の中の窒素）を水と化合させ、アンモニアをつくる。アンモニアちゅうのはこれは、農作物、お米やら野菜を作るときの肥料にするわけです。

その窒素と水を化合させる時に、たくさんの電気が必要になります。ところが水俣地区には、小さな発電所を造るような川があの付近にはたくさんあるから、そういうところで小さな発電所を造って、あすこで窒素の肥料をつくっていたわけです。

その当時、水俣と言ったらもうこらぁ陸の孤島で、熊本から、三角から船で行っとったですよ。西郷隆盛が熊本城を攻めてくるときに、水俣を通ってきたけど、山が三つある。三太郎（編者注＝峠）ちゅうて、それを越えるのに随分苦労したらしい。そしてそういうふうに海岸線は、道路もほとんど通っていなかったし、そこで水俣の人たちは会社をつくって、研究をしとった。それからだんだんだんだん昭和の二〇年の終わりごろ、終わりから研究を始めて、いろんなものまでつくるようになってきた。その当時、外国でもいろいろ新しい製品、例えばビニールみたいなの、ビニールねぇ、そのほかのプラスチックとか、そういう製品がどんどんどんどんできるようになって、非常に化学工業が進んできたわけです。日本も一生懸命努力をしてきたわけですが、水俣の工場の人たちもいろいろ研究してものをつくり出してきた。会社はやっぱりよその会社に分からんように、秘密ですからね、いろいろつくっておったわけです。

〈水俣保健所へ〉

それで、今、放送している私が水俣に行ったのが昭和二九年、二九年の終わりです。そのころはもう、あすこまで鉄道が通っておりましたよ。しかし、道路はねぇ、道路はまだ砂利道で、そしてさっき言ったような三太郎を越えて行くから、熊本から水俣へ行くには汽車で二時間半、トンネルが五つぐらいあって、それを引いていくのがSLなんだねぇ。トンネルに入る前に汽車が「ヒュー」と汽笛を鳴らすと、みんなバタバタバタバタバタ窓を閉める、そうすると「フォッ、フォッ、フォッ、フォッ、フォッ、フォッ」いうて、トンネルの中を通る間は、夏の暑いときなんかは辛抱している。それで、トンネルを出ると、みんなパーッと窓を開ける。汽車の中に煙が入り込んどるから、まぁ大変でしたよ。

そういう時代に私は水俣の保健所長になって、あすこに入りました。

非常に景色が良くてねぇ。海が青々して、とてもいい所でした。ところが、僕があそこへ赴任したのが二九年の終わりでしたから、翌年の三〇年でしたかね、保健所、もちろん僕は保健所長で行ったわけですけど、保健所に葉書（注1）が来た。一枚、投書が。それで百間（注2）という所、すなわち水俣の港のある所ですね、そこに変な病人がおるから調べてくれ、と投書が来たから、僕もその葉書を持ってねえ、その当時、水俣の病院ではやっぱり、チッソの付属病院が一番大きかったから、その院長さんに細川先生（注3）という人がいる、この人は非常に偉い先生で、その当時珍しく、東京大学を出てこられた先生で、みんなその先生を尊敬しとったです。だから葉書を持って、細川先生のところに行って、「先生、こういう葉書がうちに舞い込んできたが、先生、ご存じないですか」と、僕が聞いてみたら、「その患者は私も診ました」と。「どうも分からんから、熊大の教授を呼んで調べたら、女の人」、患者ですね、「ヒステリーということでした」と。だから僕も「あっ、そうですか、ヒステリーで先生もご覧になっとったですか」。まぁ、そういうことがあったんですよ。ところがね、その人は後でやっぱり水俣病だったんですねぇ。水俣病はそんなふうに最初分からなかったらしい。

〈公式確認へ〉

それからその翌年、三一年にねぇ、昭和三一年に、やっぱり細川先生のとこから私のとこに、「患者は四人入院しておる。その患者がどうも病気が分からん」と（届けがあった）。わぁわぁわぁわぁ騒いでねぇ、そしてほかの患者にも迷惑かけると。そして、わぁわぁ騒ぐし、大きな声出すし、もう痛い、痛いと言うし、困っているから、と。「ならぁ、先生。いろいろお調べになりましたか」と言ったら、「熊本の大学とも連絡を取って、その当時に調べられる範囲内のことは全部調べた」と。「しかし、原因が分からんし、病名も分からん。困ったこっだ」と報告を保健所が受けたわけです。「それはしかし、先生のところで分からない、熊大で調べても分からないちゅうたら、それは処置の仕様がない。入院さしとくほかないですねぇ」て、言っとったところが、四人の付き添いに来とった人が、病院内で発病したわけです。同じ病気で。そーれで、病院のほかの患者が騒ぎ出した。

もう、こーら大変なこっだ、と。で、細川先生がうちにお出でになったもんだから、保健所に来られたから、すぐ私は県庁に電話で連絡するし、市役所の方、医師会の方、みんな集まってもろうて、どうしようかといろいろ話をしたけれども、とにかく細川先生は「その患者をほかの所に移してもらわんとうちの病院が困る」というふうにおっしゃるわけです。ほかの所に移すというのはどこに移すか、移す場所がない。で、いろいろ考えた末に、私が、「伝染病舎、伝染病舎が空いているから」その当時はもう伝染病も少なくなっておりましたからね、「伝染病舎が空いている。そこに移したらどうか」と言ったら、市役所の人が、伝染病舎は伝染病予防法という法律があり、その伝染病というのは法定伝染病ちゅうのがありましてねぇ、決まっているわけです、病気が。その病気でないと、そこに入れられない。困ったなあ、と。

そしたら、県庁から来とった、もう亡くなられたですけど、貝塚先生（注4）というお医者さんが私に、「伊藤先生て、これはもう伊藤先生の決断によりますよ」ということでしたから、僕もしばらく考えて、「よしっ」と、「そんじゃ、きょうは五月一日」（編者注＝五月一日は届け出があった日で、この日時は誤り）と、「五月一日だけれども、ちょっと時期が早いけれどもねぇ、水俣は南の国だから、日本脳炎疑いという名前ならば、伝染病舎に入れられることになるだろうから、どうですか」と、市役所の課長さん、衛生課の課長さんに尋ねたら、「それは伝染病、日本脳炎疑いならば入れられますよ」。「そんなら、そうしよう」ということで、チッソの付属病院におられる患者さんには説得をして、「そこに入ってくれ」と説得をしたわけですよ。

それで、入る人は入る、入らん人はもう入らん、家に帰ると、いってまぁそこに隔離をして、一応、それでチッソの病院が被っとった迷惑はそれで解けたわけです。それが五月一日（編者注＝同）でしたからね。昭和三〇年（編者注＝三一年の誤り）の五月一日。新聞でよく公式発表というわけです。それから、医師会の方々といろいろ相談して、これは医師会の先生方が、「これに似た病気で、前に亡くなった人たちが何人かおるぞ」と。「記憶をたどればおりましたよ」と。「そうですか。それならば、それも調べんといかん」と。まぁ、いろいろ調べるにしても、やはりお金も要るし、それがちょうどその時、熊本県は財政再建団体（注5）といって、非常に貧乏県でお金がなかった。で、そうしようかということで、その当時の市長が（中断）

〈熊本大学へ〉

熊本県は財政再建団体というところで指定されとってお金もないし、また県から金をもらうにしても手続きが要るし暇が要るで、そういうことをしとっちゃ間に合わんと。それで市長さんに頼もうと、市長さんならば交際費とかからいろいろ手軽に出せるだろうからというところで、僕が市長さんの所へ行って、「こうこう、こうこうこうでちょっとお金も要るし、これは重大な事件だから熊本大学にお願いをして、そしてよく研究をしてもらわんと大変なことになりますよ」と言ったら、市長さんが快く了解して「ちょっとそっとの金ならば出しますよ」ということでしたから私は安心しましてね。

それからまだ生きていらっしゃるけど、今の熊本市の回生会病院の理事長をしてる大橋先生、あの人が市立病院長だったから、あの人とふたり、医師会と相談して、ある日ですけど熊本大学に行って状況を報告をして「ひとつ先生方、水俣に来て患者さんを診て」そして大学には研究病棟といって、患者さんを無料で収容するベッドがあるわけですよ。「そこにでも入れてよく調べてください。どうしてもわからん病気ですから」ということをお願いをして、そして帰ってきたわけです。

そしていよいよ実行の日が来ました。大学から何人かの先生をお呼びして、患者さんを診てもらう。そしてもちろん熊本から水俣までは日帰りっちゅうのができないからね。霧島ちゅう急行が一本しかなかったから往復、それでも一時間半かかっとったからね。それで先生方によく診てもらって、夜は水俣には湯の児といっていい温泉がありますから、そこにお泊りいただいて、そしてどうするかということで、そこでいろいろ先生方と懇談会を開いたわけです。

「とにかく患者さんを熊本の大学に来てもらおう。そしてよく調べよう」というような話にもなりました。ところが私の座っておった横に武内教授（注6）という、僕は初対面でしたけど、この方は病理解剖の先生なんですね。僕は先生と隣に座っとったから話して「僕の意見は武内先生、とにかく病気がわからんなら、やっぱり気の毒だけど亡くなられた方を解剖してみるということが医学研究のＡＢＣじゃないですか？　僕はそう思いますがね」と言ったら武内教授は僕の手をしっかり握って「自分もそう思う。解剖ができるだろうか？」とおっしゃる。「そりゃあ解剖ができる、できんはやっぱり家族の方、患者さんの家族の方にしっかり説得をして、お願いをして、もし亡くなられたら解剖させてくださいと。早くこの病気の原因を、この病気の本態をね、どういう病気かという本態を突き詰めて、そしてその病気の本態がわかれば予防その他が自然と開けてきますから。とにかく亡くなられた方を解剖させてくださいと家族にお願いして説得する以外にはないですね」と私は武内教授に言ったわけですが、「しかしね先生、熊本から水俣まで解剖においでにできますか？」と聞いたところが、武内教授は目を輝かせて「万難を排して自分は出てくる」とおっしゃったわけですから、「それなら私も患者さんのところに行って、よく事情を説明して解剖することを、家族を一生懸命説得してみましょう」と言ったわけです。その当時はもう世間に不思議な病気は、水俣病は前はわからないもんだから奇病と言っとったですけど、奇病は漁師の人たち、あるいはその家族の人たちがその病気にかかってる人が多いもんだから、魚が原因だろうという噂が立ってしまって、もう漁師の人たちはそういうことで魚は売れないし、働き手は奇病で倒れるし、もう本当にかわいそうな生活をしておったわけです。亡くなられても本当に葬式も難しいような状態でしたから、僕はまた市長さんのところへ行って、「実はこういうふうに説得をして、死体の解剖をお願いしたい。それにつきましてはやっぱり亡くなられた人の葬式とかいろいろ費用も要るから、解剖される人は自分の身を研究の為に、奇病の解明の為に捧げるんだから、市のほうからも何なりと手当てをしてくれ」とお願いをして、市長の了承を得たわけです。

ところが解剖をするとなると大変なことで、その場所の選定というようなことで非常な困難もあったし、解剖をした後に死体の処置ということでも、ずいぶん私は苦労をしました。とにかく解剖をした後に棺の中に死体を入れると、着物を着せて入れてやらなければならないのに、その着物がなかったもんだから。そんなに生活がきつかったんですよ。

うちの家内に言って呉服屋から、死出の旅路と言いますから、白い着物を縫ってくれんかと家内に頼んで縫ったことさえあります。そういうふうにしてやっと解剖したわけですが、場所がもう市立病院の中に解剖室という名前ばかりのお粗末な部屋がありましたから、そこで実際に実行したわけです。そうしてその解剖の結果は病理のほうでいろいろとお調べになって、内臓、特に脳がやられておると。そして重金属の中毒による死亡という、非常に有意義な判定が出たわけです。

そしてまた市長さんに相談したわけです。そしたら「ぜひ、やってみてくれ」と「しかし市長さん、やっぱり金が要るし猫を飼うのにも」。一方、奇病にかかった人たちの地区では猫が発病するという事態も起こりました。それでそういう病気にかかった猫を貰って、そしてこれも大学へ持って行って調べてみると、やっぱり人間とまったく同じ病変がある。すなわち猫の脳に重金属中毒による変化があると。そりゃあ猫も人間も魚を食うんだから、魚が原因であるということを猫の実験で証明できるわけですから、大学のほうでも猫に魚を食べさせる実験が各教室で競争みたいにして開始されました。

〈猫実験へ〉

しかしなかなか大学のほうでは猫が発病しないわけですよ。その当時の大学もやっぱり大変お粗末で設備も悪いし、魚は市役所に頼んで水俣の漁師さんに水俣湾内の魚を獲ってもらって、そしてそれを熊大に送ってもらって、それを猫に食べさせて実験をしておったわけです。しかしなかなか発病しないもんだから武内教授もイライラして、ある日私が熊大に連絡に行ったときに「現地で猫発病の実験を伊藤さん、あなたやってみてくれないか?」とおっしゃるわけです。「僕は医者じゃあるけれども保健所長という行政官だし、研究のことでは不得手ですからね」と言ったら、「とにかく早くこれは魚が原因であるという結果を出さんと世間的にも都合が悪い。大学は何をしとるかと言われるかもしれんし、やってみてくれ」と言われましたので、私もしぶしぶ「考えてみましょう」と言って帰ってきました。

そしてまた市長のところに行って相談したら「それは伊藤さん、あなたやってみてください。費用も出しますよ」ということでした。それで保健所の中に一部屋は空いとったところがあったもんですから、そこに設備をして、その部屋を金網で三つに区切って猫を養うことにしたわけです。猫は他所の猫を持ってこんといけないから、人吉保健所に頼んで取り寄せるし、また水俣地区でも奇病が流行っていない山間地区から何匹か持って来て、部屋は三つにくくったと思いますけど、そこに猫を入れたわけです。だいたいその猫は人間の歴史とともに、人間社会と非常に密接な、難しい言い方ですが人間とともに今日まで生活をしてきた動物ですから、やっぱり人間がかわいがらんと懐かないわけです。それからまた非常に清潔屋ですから部屋の中に木箱を作って砂を入れて便所にしてやる。そしてそこに入れました。最初のうちは慣れないから隅っこのほうで寂しそうにうずくまって、人が入ると警戒心を出しておったですけど、伊藤きぬ子のお父さん（注7）が小学校の四年生か五年生でしたが、毎日行ってかわいがっておりましたら猫が懐いてね、そしてちゃんと砂の中へ便所もするし、その便所の砂の取り替えなんかも伊藤きぬ子のお父さんがしてくれよった。ひとつは面白かったんでしょうね、猫飼うのが。それでこちらが与える食べ物もしゃんしゃん食べるようになったわけです。それから私もいろいろ考えてみましたら、私たちが子供の時代にやっぱり家の中に猫がおりましたよ。ネズミが来るもんだからね、猫を養っとかんと。ネズミが暴れるもんだから猫はおりました。ところがその猫が梅雨になると雨が降りますね。もうやがて梅雨ですけど、ドジョウを捕ってきた、夜にね。その当時は魚がいっぱいいましたから、雨が降って水があふれるとドジョウもちょろちょろ泳いで道端に出てくるんでしょうね。それをうちの猫が夜、爪で引っ掛けて捕ってくわえて帰ってきた。

「あれあれ、ネズミは捕らずにこの猫はドジョウ捕ってきたばい」と言ったことがあります。

〈魚を子どもから買う〉

それで私はハッとしまして「ハハァ、猫が海岸で魚を爪で引っ掛けて食べて、そして奇病になるんじゃないかな？」というひらめきが頭にきたわけです。それである日の午後、明神という半島みたいなところがあります。その下のほうの海岸をひとりでずっーと見てまわっとっりましたら、向こうから小学生が何人かやってきたので、小学生に尋ねてみました。「猫が海岸で魚を爪で引っ掛けて捕って食べて奇病になるようなことがあるだろうか？」と、その小学生は「おじさんそれはどこどこの猫はね海岸に出てきて魚引っ掛けて、そして食べてね、もうたばい」と言う、舞うちゅうんですね、空中に舞い上がって、そして倒れると。いわゆる奇病にかかったと。私はハッとしましてね、「魚は泳いでくるか？」ちゅったら「なんかフラフラしてるのが、やっぱりときどき海岸に泳いでるよ」ちゅう。「よし、それじゃあその魚を捕ってくれんか？」と「明日、今ごろ僕が魚を捕る網を買ってくるからね、籠も買ってくる。お礼にまんじゅうも持ってくるぞ」と、そこで小学生が大笑いをして、そして約束通り翌日行って、まんじゅうも本当に買って行きましたよ。ところが翌朝、寝てると「おじさーん」ち足音がカタカタカタカタしてやってきたから、籠にいっぱい魚を捕ってきたわけですよ。「なんねこれは。死んどるんじゃねえか」「いいや、朝早よう行ってみたら魚がフラフラして泳いどっとよ」て言うから「うん、そうかね」ち言って、それでその魚を貰っていくばくかのお礼をやったわけです。やっぱりその魚は湾内でね、そんなに大きな魚じゃなかったですけどね、やっぱり有毒な海の水にやられてフラフラしとったっでしょうね。それを一時飼っている猫に食べさせるわけですけど、それもうちの息子が受け持って、一日にどれくらい食べたか今は覚えてませんけど、少しずつ分けて、そして魚が悪くならんようにね、氷を買ってきて冷蔵庫は簡単な粗末な木製の冷蔵庫があったから、それにも入れとくし、保存食になるように魚を焼いて日に干してとっていたわけですよ。何日かたったらうちの息子が朝、猫の世話に行って帰ってきて「お父さん、猫が発病しとるよ」と、そういうふうに報告したわけですから、僕はもう朝ごはんを食べておりましたけど、茶碗を投げ出して保健所に行ってみたら、まさしく一匹の猫が奇病にかかってるわけです。

そこですぐ大学に電話するし、医師会長、それから細川先生に電話して集まってもらったら「まさしくこれは発病だ」と。大学からその日のうちに飛んできて、そして持って帰りました。結局、猫は五匹くらい発病しましたけどね、最初に発病を発見したのは、猫の発病の実験に成功したのは私というふうに医学雑誌には載ってますけど、最初に発見したのは伊藤きぬ子のお父さんなんですよ。偉いでしょ。そういうことで魚が原因だという科学的な学問的な証拠が、そこに成立するわけです。ところが魚が原因だというふうに新聞なんかにも相当出ましたけどね。魚が原因だということになれば、いろんな社会問題が起こってくる。魚屋さんが第一困るようになった。魚が売れんようになるから。それから漁師の人は前から売れないから困っとったけど、魚屋が「どうしてくれるんだ」と言って魚屋の連中が私をつるし上げたことがありますけどね。そして「有毒な魚とそうじゃない魚を見分けて言うんです。

くれ」とそういう無理なことを言う。猫に食わせてみなければね、まだわからないのにそんなことを

〈重金属汚染〉

そして毒がどういう毒かということについては重金属だということでしたけど、その検査の方法も現在と違ってまだ幼稚な時代で、すぐわかるというような時代じゃなかったもんですからね。そこに魚が原因だということで社会的な混乱が起きたわけです。だけど原因が魚だということで一応そこでけりはついて、それからいろいろの難しい問題に発展していくわけです。魚の毒はどこからくるかということになるわけですが、一般の考えはおそらく工場排水だろうというふうに。大学のほうでは重金属ということについてさらに研究が進み、その重金属は水銀だという方向に結論が出たようです。というのが重金属の中のいろいろの物質を選んでネズミで実験をして、そしてネズミに重金属をいろいろ与えてみたら、やはり有機水銀だという結論が出て、それが発表になりました。ところが工場のほうでは有機水銀は「水銀は使ってるけれども有機水銀は使っていない」というふうに反論するわけですね。水銀ちゅうのはね体温計の中に入ってるでしょ。あれは金属水銀と、あの水銀が化合して有機水銀になるわけですが、これが猛毒なんですね。化学反応を起こすときに水銀を使うと化学反応がスムーズに行くということでチッソは水銀を使っていたらしい。それでしばらくの間は「有機水銀は使っていない。水銀は使っているけれども」という反論で、そこで時間が経ったわけですけども。そ

の工場の中の化学反応の反応炉の、スラッジと言いますけれども、灰の中から有機水銀の、熊本大学の入鹿山教授（注8）が証明をしたわけです。これで工場側も「参った」ということで、やはり工場の製造過程の中から生ずる有機水銀を流しとったわけですね。それも何年間と長い間に亘って流しとったから水俣湾から不知火海のほうにずっと毒が広がって魚が汚染されたわけ。だいたい魚の汚染されるときにはね、まずプランクトンが汚染されると……（録音テープ終了）

水俣病のおはなし　きぬ子へ贈る（祖父より）（テープ2）

水俣保健所　元所長　伊藤蓮雄

平成三年五月二九日

〈はじめに〉

今日は水俣病についてお話したいと思います。その前に自己紹介をします。私は熊本大学教育学部付属小学校の五年生、伊藤きぬ子の祖父です。明治四四年三月生まれで、ちょうど八〇歳です。老人で「ぼけ老人じゃないかな?」なんか皆さんが思うかもしれんけど、やっぱり歳をとりますと最近のことはよく忘れるけれども、昔のことは覚えているんですよ。今日は水俣病の話をなぜ私がするかと言うと実は私が水俣病の発見者なんです。だから皆さん、水俣病というと新聞、ニュース、ラジオその他で世間を騒がせて非常に大きな社会問題になっていますね。それについて私はその発見者ですからね、ずっと水俣病の経緯を皆さんにお話していきましょう。

〈略〉

〈対策委員会〉

(患者発生の届け出と伝染病棟への収容で)それで一応そこで片付きましたけれども、そこで医師会の、もう亡くなられましたけども浮池さんといって、後に水俣市長になりますけど、開業医をしていた方が「今日、患者さんを診た。あの病気で今まで亡くなった方が何人かおるぞ」と言い出した。そして他のお医者さんも「自分も診た」という話が出ました。それじゃあ保健所と医師会と水俣市のメディカルパワーメンバーとで調べようということになって、調べるなら何か組織を作らんといかんと言って、五月二八日にその場で『対策委員会』(注9)というのを作って、僕が委員長になりました。そしてずっと患者さんの跡を追って行ったわけです。ところが水俣市は人口も少ないし病気の発生した地区が狭いところだったから、ずっと調べていったら、ここに病人がいるということが割りに(早く)

分かりました。それをリストアップしたら何一〇人か出てきたわけです。それをよく見てみると、漁師か漁師の家族で、漁師といっても一本釣りなんです。一本釣りというのは舟を漕いで行って一匹ずつ魚を釣る、そういう方々と、その家族です。そういう方が出てきたから、それを診たお医者さんや保健婦さんをやって、ずっと記録を取って何人かリストアップしました。よく見ると漁師さんが多いですね。それから県庁にも報告しましたけども、当時の熊本県というのは財政再建だったり、貧乏だった。そういうことで対策をどうしたらいいかわからんわけです。しかしこういうたくさんの病人を放ったらかしとくといかんということで、僕は市長に相談に行った。橋本彦七さん（注10）という人です。この人が『健康都市水俣』というのを宣言して非常にいい都市行政をやっていたから「それはいかん、すぐに対策委員で寄ってくれ」と「しかし市長さん、金が要りますよ」と言ったら「金はなんぼでも出す」ということでした。「それじゃあこうしましょう。熊本大学医学部に行って、向こうに頼んで診てもらって、そして大学には無料のベッドっちゅうのがあります。そこに入ると無料で治療してくれるところがありますから、そこに頼みましょう」と。ところがその頃、すでに『水俣に奇病発生』ということで新聞、テレビ、ラジオで一般にニュースが流れていたから、大学の先生もよくご存知で興味をお持ちになって、大学内に研究班を組織して、そしていよいよ水俣においでになるところだったんです。

ところが今では自動車に乗って行くとサーッとトンネルを通って行くんだけれども、その頃は汽車、今はＪＲと言いますが、汽車でトンネルが五つばかりあってＳＬで「ファッ、ファッ」と鳴ってトンネルの近くに行くと「ピーピー」と汽笛を鳴らすとみんなガラス窓を閉めて、トンネルを出るとガラス窓を開けて空気を入れとった。そんなところで、しかも熊本から二時間半、急行が一本しかない、往復。それから電話、今は即時ダイヤルだけど、申し込んどいて待っとらないかん。そういう時代です。各家庭で扇風機を持ってるところはなかったな。電気冷蔵庫なんてありゃせん。氷を買ってきて木で作った箱の中に入れとく。電気洗濯機なんて、やっとあるちゅうくらいのことで、そしてみんな薪を燃やしてご飯を炊いとった。今の君たちから考えると日本は第三世界みたいな非常に落ちぶれた国だった。

けれどもこれは戦争によるダメージでそうなったわけで、それから日本はどんどん生産を上げて生活を豊かにしていかにゃならんと、そういうことでチッソもじゃんじゃん頑張っとった。ところが日本人の癖かなんか知らんけど、使い捨て、水に流すというところで、まさか工場から毒が流れるということが知っとったか知らんかったかしれんけど、海にどんどん捨てたわけですよ。さっき言った百間のところに排水口があって、そこにどんどん水（編者注＝各工程の排水を集めて総合排水として流していた）と流すわけね。水俣の市民は工場のお陰で生活をしていく、工場のことを犯人だなんて言うと変な目で見られるような時代だった。六月になってから待ちに待った大学の研究班の方々が水俣においでになりまして患者さんをつぶさにご覧になるし、また患者さんが多数発生した地区、百間などをずっと。それが済んでから、さっきも言ったように水俣は交通が不便で自動車も当時は無かったし、日帰りというのが当時はできないから、水俣には湯ノ児温泉といういいところがありますから、そこに一泊されて、温泉に泊まってゆっくりしていただきましたけれども、でも夜は夜で、この病人さんたちをどうするかということで議論が続いたわけです。

〈略〉

〈食中毒〉

それからある日、これは東京で奇病についての会議がありまして、そこに私も参りまして、帰りに汽車の中で武内教授と一緒でしたが、武内教授が「これはもう早く（猫を使った）実験が成功せんと大学としても面目ない。それで伊藤さん、あなたが現地でやってみてくれんか?」と、そんなことをおっしゃった。「僕は保健所長で学者じゃないから、そういうことは設備とか何とかも全然ないし難しいですよ」と言うと「是非やってくれ」と。「考えましょう」と言って帰ってきたわけです。その前に当時はソ連でビールス（編者注＝聞き取れず）研究が盛んで日本にも生ワクチンちゅうのが入ってきましたね。その研究に六反田教授（注11）が行っておられたから、六反田教授のところへ僕と細川先生とで患者さんの便を持って「ビールスではないですか?」と言って持って行って調べたら、一〇日ばかりして六反田教授が水俣に飛んで来て「伊藤さん、これはビールスじゃない。ビールスは出なかった。食中毒のようです」と言って、現地に行っていろいろと食べ物をあさって帰られました。六反田教授のところはいわゆる微生物学教室といって中毒を調べる機械も設備もなかったですからね、そのままになりましたけど、中毒じゃないかと言い出したのは六反田教授が初めてです。

〈略〉

〈原因追及へ〉

（猫実験で猫が発症し）僕はね、これで万事解決と。この後は、この毒が何であるかということを追及せないかん。それは僕の仕事じゃない、大学の仕事だということになったわけですよ。しかしね、僕は今考えると、非常に協力をしてくれた、市長さん、それから解剖に協力をしてくれた患者さんの家族、本当にありがたいと思います。その人たちの協力がなかったならば、これはまだ毒が何であるか、今有機水銀ということになってますけどね、なかなか難しかったと思います。それから、今度は毒に対するね、今度は研究の追及が始まるわけですよ。

現在は、原子力発電所の故障なんか、たくさんの関心を持って、そしてモニターを使って、ずっと故障箇所なんかを見るけど。その当時は、モニターとかなんとかなかったからね。それで、今、県庁の向こうに開業している森川先生（注12）ちゅう人がおられますけど、婦人科の、これが武内教授の弟子でおられましたが。この人が重金属中毒の病理所見の文献を世界中から集めて。そして一枚一枚めくってから、ずいぶん根気のいる仕事ですね。ところが、なかなかその奇病と同じような病理所見の文献が見つからんわけですよね。それで、もう随分長くかかったでしょうね、コツコツコツコツやって、夜も徹夜をして。そしてやっとったら、ハッと。これはまさしく天佑だったと思いますが、イギリスのハンターさんという人とラッセルさんという学者がたった一例、たった一例、種もみをね、有機水銀で消毒して食べて死んだ人の病理所見を発表しとった。森川先生は、もうそれに飛びついて、「まさしくこれだ」と言うてね。そこでピーンと勘が働いて。僕は、天佑だったと思うけれども。森川先生も毎日毎日徹夜で夜勉強をね、高く高く評価します。武内教授も喜んで。それじゃ有機水銀の方でね実験しようという事でネズミを使って実験した。メチル水銀（編者注＝ヂエチル水銀）を使ってます。そしたら、やっぱりネズミの実験結果が水俣病と、まさしく同じ症状が出るし、病理所見も有機水銀中毒症という所見が出たわけです。それを発表したわけです。

〈生産に励む会社〉

ところが、会社は、どんどんどんどん生産に励むわけでしょう。うちは、水銀は使ってるけれども、有機水銀なんか使ってないと逃げてるわけです。どんどんどんどん製造はストップしないから、毒ばどんどんどんどん。今となってみれば有機水銀だからね、有機水銀はどんどんどんどん海に流れてて、たくさん中毒にかかってしまうわけですね。それから、しかし、とうとうね、会社の方も手を上げる時期が来たわけです。熊本大学の入鹿山教授が、工場で使っている水銀が、工場の生産過程の中で、どうして有機水銀に変化していくかということを、ずっと理論的に理論を成立させたわけです。それで会社も、参ったと、国の厚生省も立派な学問で、有機水銀中毒による、この奇病という、政府の見解として、そして会社が流した毒で有機水銀の毒で、工場が流した毒でこの病気が起こったというその判定の文章を出したから、工場も参ったということになったと。

ところがね、原因が魚を食べた人がそんな風になると、それで魚が原因と分かるけれども、大きな大きな社会問題になるわけですよ。魚屋さんがまず困る。みんなが魚を食べんようになる。それから工場は、そういう風に自分所が原因だということだから、生産過程も変えにゃいかん。すると、水俣の経済に及ぼしてくる。いろんな社会的なマイナスの現象が出てくる。それに対して、どういう対策をすればいいかというけれども、その当時、日本にはそれに対処するような法律は、垂れ流して、その当時日本には水俣と同じような工場が、日本全国に何十あった。垂れ流しとった海に。それだから、公害国会というものができまして、そして水質汚濁防止法とか、特に公害国会と言うものが開かれまして、公害対策のいろいろな法律が日本にできました。例えば、水俣病のようなものについては『水質汚濁防止法』、四日市のぜんそく、そういうものについては『大気汚染防止法』とか、そういう法律もできまして。今後の企業の進み方について、国民の健康を重視するという姿勢が来たわけです。これはやっぱり、たくさんの人が病気になって、そして死んでいった。そういう水俣病みたいな悲劇の上にたったその、日本の工業発展だから、非常に残念なことでもあるし、亡くなられた方はその犠牲者だと。

〈水俣工場〉

それからついでに、水俣の工場のことをちょっとお話しておきましょう。水俣の工場はもともと明治時代にイタリーから輸入した、アンモニア肥料の製造工場だったんですよ。その当時、明治時代、日本は食糧不足になるという見通しもあったから、肥料製造は大切なことだった。肥料はどうしてつくるかと、肥料では一番アンモニアが手っ取り早いからね。それで、空気中にはみなさん、先生に聞いてごらんなさい。酸素と窒素は空気の中の混合体として存在している。空気は、酸素と窒素の混合体なんです。だから、簡単に窒素を取り出せる。その窒素を水と化学反応させて一緒にすると、そこにアンモニアができます。そのためには、窒素と水を、化学でいうとなんていうかな、合成、するためにはたくさんの電気がいるわけ、それから水もいる。ところが、水俣というところは水も豊富だし、電気ちゅうのはね、今石油をたいて電気をつくっているけども。あんなことしたって、もう間尺に合わんから、水俣付近には発電所を造る場所がたくさんあった。発電所を造るには非常に金がかかるけれども、小さい発電所をあちこち造るそういう地理的な関係でね、あそこに発電所を造って、その電気を持ってきて、水俣川の水と、空気中の窒素は無尽蔵だから、それを一緒にして、合成して、アンモニアをつくった。明治時代からやっととったんだからね。非常に古い工場です。そういう、化学的な技術というものは、一歩進んどったわけです。それが戦争で日本が叩かれて、外国から引き揚げてきて、優秀な技術屋があそこにまた帰ってきて、いろいろを研究して、いろんな製品をつくり出したわけですよ。その中で、オクタノール（注13）ちゅうのがある。これで、オクタノールの六割ぐらいは水俣の工場でつくっていた。オクタノールをつくる時に、やっぱり水銀を触媒として、使用しとった。だからあそこは、僕らが小さい時には、鉄道も通っていないし、三角から船に乗って、非常に不便なところでした。陸の孤島でした。しかし、鹿児島本線が通って、東京と時間はかかってもね、直通するようになりましてから、非常に文化都市になって。そして非常に景気が良かったわけですから、熊本市よりも。やっぱり日本が戦争から終わって立ち上がる時には、早かったですねあそこは。そういう頭のいい人たちが、たくさん揃った会社が、そういうオクタノールをつくって、それを海にバラバラ流したことで悲劇が起こったわけですよ。

だから、なんでも使い捨てでいいという風じゃいかんね。近頃、地球環境会議なんかあって、炭酸ガスが多くなりすぎて、どうとかこうとか、問題になっていますけどね。やっぱり、なんでもかんでも、ばんばかばんばか使って捨てちゃいかん。やっぱり、ごみの処理とかなんとか、小さいことだけども、そっちの方にも頭を向けて、我々の住む環境がね、いつまでも美しくしているように努力せんといかんと思います。

〈略〉

「水俣病のおはなし」注記

注1　水俣病三次訴訟の伊藤蓮雄の証人調書（一九八二年三月一一日、熊本地裁）によると、一九五五年、百間地区におかしな患者がいるので調べてほしいという一通の匿名の葉書が保健所に来たという。

注2　チッソ水俣工場から出た排水が水俣湾に流れ込む地区。チッソの排水門があった。

注3　チッソ付属病院長。公式確認のきっかけは、幼い姉妹の同病院受診だった。以後、保健所や医師会と共同で現地調査を行い、貴重な記録を残す。一九五九年には触媒として水銀を使うアセトアルデヒド工程の廃液を直接投与した猫四〇〇号で発症を確認。一次訴訟では、病床で猫実験を中心に社内研究および会社の対応を証言した。

注4　熊本県防疫課技官の貝塚俊樹。伊藤とともに患者宅を訪れた。

注5　戦後の混乱や一九五三年六月二六日の大水害の影響などから熊本県財政は赤字に転落、公式確認の一九五六年から自治省（当時）の管理下に置かれる財政再建団体となった。一九六〇年度まで続いた。

注6　熊本大学医学部第二病理学教室教授の武内忠男。病理学の立場から水俣病が有機水銀中毒であることを最初に提起した。

注7　伊藤蓮雄の長男隆一郎。テープの相手のきぬ子（蓮雄の孫娘）の父親になる。

注8　熊本大学医学部衛生学教室教授の入鹿山《いるかやま》且朗《かつろう》。チッソ水俣工場のアセトアルデヒド工程の水銀滓からメチル水銀を検出、原因究明の決定打となったが、チッソや行政、司法は何ら具体的行動はとらなかった。

注9　五月二八日、水俣保健所、医師会、市立病院、チッソ付属病院、水俣市衛生課の五者からなる水俣市奇病対策委員会が設置された。伊藤と細川を中心に、患者発生の実態調査とカルテの見直しが行われた結果、アルコール中毒や脳梅毒、脳卒中、日本脳炎などの診断名が付けられていた三〇人の患者が同様の症状であることを確認、一九五三年一二月まで患者発生がさかのぼれること、患者が漁村地区に集中していること、一家に何人も患者が発生していることなどが突き止められた。これらは細川によってまとめられ、一九五六年八月二九日に熊本県と県を通じて厚生省に報告された。この初期の疫学調査で、主要な臨床症状、発生時期、地域的な広がりの概要などが明らかにされ、その後の研究を支える貴重なものとなった。

注10　元チッソ水俣工場長。一九三二年に稼働開始したアセトアルデヒド工程の開発責任者だった。この工程からメチル水銀が流出し、水俣病発生の原因となる。一九五〇年に第二代水俣市長に。以後四期務めた。工場長が市長を長期間務めることからもチッソと水俣市の関係が分かる。

注11　熊本大学医学部微生物学教室教授の六反田藤吉。のち熊本大学学長。食中毒の原因には、細菌、ウイルス、化学物質、汚染された食品などがある。

注12　医師の森川信博。熊本大学医学部の武内忠男のもとで病理学的立場から研究に当たった。

注13　オクチルアルコールのチッソの商品名。アセトアルデヒドから造られるビニールなどの可塑剤。

【解題】伊藤蓮雄・水俣保健所長のテープについて――水俣病公式確認と猫実験の時代

高峰　武

水俣病の公式確認は一九五六（昭和三一）年五月一日である。

この日、水俣市のチッソ付属病院から、原因不明の中枢神経疾患が多発し、四人の患者が入院した、と水俣保健所に報告があった。これが公式確認とされている。

当時の水俣保健所長が伊藤蓮雄だった。伊藤はその後、原因究明のために水俣湾産の魚介類を猫に与える猫実験を保健所の二階で行い、猫の発症を確認する。

伊藤は一九九一（平成三）年八月に八〇歳で亡くなったが、亡くなる二カ月前の六月、小学校で環境問題を学ぶ孫娘にあてて病床で録音したテープを残した。テープは、公式確認翌年である一九五七年に撮影された八ミリビデオとともに、伊藤の長男・隆一郎が保管している。八ミリ撮影は蓮雄の趣味だったが、八ミリは当時を知る貴重な記録となっている（参考資料①）。録音されたテープは二本あるが、一部内容が重複している。なぜ二本あるのかについては隆一郎も不明というが、その内容から考えて、一本は前の録音の「言い直し」ではないか、と隆一郎は推察している。

テープそのものの存在は知られていたが、今回、全体を再生して取り上げたのは、水俣病の発生が公的機関に届けられた前後の状況が具体的に語られているからである。その時、医療の現場でどういう判断がなされたのかを知ることは事件史をたどる点では意味のあることだと思う。患者が差別を受けることになった一因に、避病院（伝染病棟）へ隔離されたことがあるが、伊藤の語りで「便宜上」だったことが分かる。

亡くなる二か月前ということもあり、日付の錯誤や時間、用語の混同などがある。また事実誤認があることも事実だ。例えば、テープの中で伊藤は、自分を「水俣病の発見者」としていることがそうだ。伊藤の役割は新しい病気の発生について、衛生担当の公的機関のトップとして報告を受けたものであった。病気の発見者ということで言えば、チッソ付属病院長の細川一だろう。発見という言葉は、病因物質の確定ということではなく、例えばその病気がこれまでになかったものであることを認識していることや、おおよその病状の特徴をつかまえていることが必要である。その点で細川は、リケッチア病の一種である腺熱の疫学的研究を続け、この地域に起きる病気について精通していたうえ、一九五六年以前に同様の症状を訴える複数の患者を診ていた。細川が、事件の重大さを感じ、保健所への届けを指示したのもこうした前史があったからだ。

伊藤蓮雄は本籍熊本市。一九一一（明治四四）年生まれ。旧制熊本中学、第五高等学校から熊本医科大学卒。軍医などの後、一九四七（昭和二二）年に人吉保健所長、一九五四年一月に松橋保健所長、同年一二月に水俣保健所長となった。水俣保健所長は熊本県衛生部医務課長になる一九六三年まで務めたが、蓮雄が作成した履歴書によればこの間、二つの点で処分を受けている。水俣病とは直接関係ない事柄だが、一つは一九五八年一〇月に起きた水俣保健所の火事に関してである。火事は保健所炊事場付近から出火、全焼したものだが、この火事をめぐって戒告処分となっている。現地責任者としての処分と思われるが、保健所の全焼で水俣病に関する当時の関係書類も焼失している。貴重な記録が失われたことは残念である。

もう一つ、一九五九年五月に選挙違反事件に関係して減給処分を受けている。同年一月にあった熊本県知事選は四選を目指した現職・桜井三郎と新人・寺本広作の一騎打ちとなった。保守分裂で、自民党熊本県連も分裂状態となる激しい選挙戦だった。県職員からも選挙違反容疑で多数の逮捕者が出た。当時を知る元県職員は「現職の桜井知事の応援のため、県職員が映画券を配って投票を頼んだりしていた」と振り返る。四月には現職の桜井を支持した県職員について、降格四一人を含む異動が発令されたが、伊藤の処分もこうした一連のものという。以降、熊本では、加藤清正が肥後一国を領した期間にちなんで「清正公さんでも一二年」という言葉とともに「知事は三選まで」が〝不文律〟として続いた。

水俣病の公式確認となるきっかけとなったのはチッソ付属病院からの届け出だが、院長・細川一の指示に基づき届けたのは付属病院小児科医師の野田兼喜だった。野田は両親の移民先・ペルーで生まれ、その後矢部町に帰郷。熊本医科大学へ進み、チッソ付属病院に赴任したのは一九五三年八月のことだった。

一九五六年四月二一日。当時五歳五カ月の田中静子が付属病院を外来受診、野田が診察した。

「当時、付属病院に来ていたのは、会社の社員や家族ばかり。一般の人はめったに来なかった。（静子さんは）開業医の紹介で、お母さんに連れられて来た。診てすぐに脳の疾患だと思った。しかし脳炎や髄膜炎とは発病の状態が全然違う。まったく経験のない病気だった」。野田は最初に診察した時のことをそう振り返っている。間もなく妹の実子が入院してきた。二歳一一カ月だった。一家は水俣市月浦の坪谷《つぼたん》という小さな入江に住んでいた。

「その時、お母さんから『近所にまだ同じような子どもがたくさんいる』と聞かされた。大変なことになると思って、すぐ細川院長に相談した。院長は『調査は保健所にお願いした方がよい』と言われた。保健所へは自分一人で出かけた。人吉時代に知り合いだった伊藤蓮雄所長に口頭で、お母さんの話や姉妹の症状を話して、『調べて下さい』と頼んだ。届け出から二、三日後だったと思うが、保健所の人たちが現地を見に行って、悲惨な状況にびっくりして帰ってきた。後で熊大の先生たちが来るようになって、私が患者の家を案内した。お母さんは非常にはっきりものを言う人で、あのお母さんだったからこそ、近所のことを話してくれたんだと思う」

所長の伊藤と「人吉時代に知り合いだった」とあるのは、伊藤が人吉保健所長で、野田が人吉の病院で勤務していた時のことと思われる。

野田はこんな話も残している。野田は水俣出身の詩人・谷川雁と旧制熊本中学の同級生。「雁ちゃんに話したら、『そら会社よ、会社ば調べなん』て言いよった」。谷川雁は結核療養のため水俣に帰郷していたことがあり、チッソ付属病院の細川一とも交流があった。父親が眼科医だった谷川とは一家ぐるみのつき合いだった。細川の愛読書であったイプセンの戯曲「民衆の敵」は谷川雁が細川に勧めたものだ。「民衆の敵」はある観光地が舞台になった作品である。ここで起きた環境汚染の原因を突きとめた医師がそれを発表しようとして、兄である町長や民衆から「敵」として指弾される作品である。

野田は父親の要請で一九五六年一一月に付属病院を辞め、矢部町で医院を開業する。水俣病との直接の接点は公式確認当初の約半年ほどだったが、田中姉妹の母親から野田が聞いた「近所にまだ同じような子どもがたくさんいる」という言葉は、水俣保健所長の伊藤や院長の細川をはじめとした付属病院の医師、さらには水俣市内の開業医たちの調査で裏付けられていく。

水俣を離れてからの野田は、ほとんど水俣に足が向かなかったという。「患者さんに気の毒で……。自分はたいしたことがでけんだったから」（以上注・1、2、3）

生前の野田に筆者も直接会ったことがあるが、朴訥《ぼくとつ》な人柄がそのまま顔に出ているような人で、地域医療に向きあった人生だった。一九六四年一一月、日本医師会からは水俣病発見者として最高優功賞を贈られている。

公式確認の届けはどんな形式だったのか。前記したように水俣保健所の火災で関係書類が焼失してしまったが、水俣市袋で開業していた市川秀夫の証言が残されている。水俣市芦北郡医師会長だった市川は、一九八二年に刊行された『水俣市芦北郡医師会史』の中に、「水俣病の思い出」と題してこう書いている。

「水俣病歴史の第1頁を飾る水俣病発見の端緒となったのは、昭和三十一年五月一日付で、チッソ附属病院長細川一先生、野田兼喜先生の連名で、『原因不明の中枢神経疾患の多発』というタイトルで水俣保健所に提出された、簡単な報告書であった」（水俣市芦北郡医師会史、一九八二・三二一頁）

『水俣市芦北郡医師会史』には、伊藤がテープの中で触れている一九五五年に保健所へ届けられた「変な病人がいるから調べてくれ」という一通のはがきについて、水俣市陣内の開業医・松本芳の証言が掲載されている。少々長いが、紹介したい。

「水俣保健所での結核審査会の開会前、伊藤所長から（はがきについて）心当たりはないか、と聞かれたが、唐突なことで思い当たらなかった。帰り道、細川先生と投書の話になり、『私はいま脳梅毒の様で梅毒でない一人の患者があります』と言うと、細川先生も『実は私も七人の変な患者を入院させて、数日前、勝木教授に診て頂いたがそのうち一人が間もなく死亡しました』と話され、『変ですね』、『これから情報交換を密にしましょう』と約して別れた」。松本によれば、松本が診た患者は一九五七年に水俣病と判定され、一九六五年に死亡している。水俣病と判定された時、県立の精神科病院に入院中だった。細川の話に出てくる勝木教授は熊本大学医学部第一内科教授の勝木司馬之助である。

松本は書いている。「（公式確認から）八ケ月前、公の役所に、投書の形をとり、地域住民の叫びともとれる一葉の声は、地域住民の健康管理、環境衛生、並びに、疾病治療の責めを負う学術団体たる地域医師会の吾々会員に対する警鐘と、反省への大いなる鉄槌であったと、今尚、うけとめている」（『水俣市芦北郡医師会史』、一九八二・三四一―三四二頁）

この原稿が掲載された医師会史の発行は一九八二年である。松本がどんな思いで公式確認からの歴史を見ていたか。「警鐘」、「反省」、「鉄槌」という言葉にその一部はうかがえるように思う。一九五四年八月には、熊本日日新聞が、水俣市茂道の猫全滅を伝えている。医療の現場と現地の報道などを全体で見る視点があれば、事態はもっと違ったものになったのではないか。早期発見、早期対策、早期予防。水俣病事件史は幾つものチャンスを逃してきた歴史でもある。

公式確認に関係し、現存する文書で一番古いのは一九五六年五月四日付の熊本県水俣保健所長から、熊本県の衛生部長にあてた「水俣市字月浦附近に発生せる小児奇病について」である（参考資料②）。ここには田中姉妹にはじまる被害の実態がつづられているが、タイトルが「小児奇病」となっているのが示唆的である。水俣病は弱者である幼い命に現れ、そして、大人の被害が判明していく。「本年一月頃より患者宅の猫及び近所の猫が次ぎ次ぎにけいれんを起こして死亡す。発病より十日位いして火の中に入ったり水の中に入ったり海中にとび込んで死亡したりする。計五、六匹」「毎夜不眠となり泣き続け、殆ど食餌をとらず」「小児麻痺と云われ死亡し之を看病した叔父さんも間もなく発病して同様の症状にて死亡した」

戦地からの報告のような文に、水俣で起きている事態の深刻さが分かる。

伊藤のテープの中に出てくる熊本県防疫課職員技官の貝塚俊樹は一九五六年夏、伊藤とともに患者の家を訪れた時の印象をこう語っている。

「第一印象で非常に悲惨な感じを持ちまして、夜うなされたような気持ちです。非常に貧しい小屋といいますか、その中で、畳もへりがなくなったようなところに、お母さんが一人、だらっとなった患者さんを抱いて座っておられて、もう一人は向こうの方でこれも麻痺といいますか、転がっていらっしゃるという、そういう貧しさと、それから症状の重さが非常に印象に残っております」（注・4）

伊藤のテープにも出てくる患者が収容された伝染病用の避病院《ひ》とはどんな所だったのだろうか。その目撃談がある。語るのは熊本大学医学部第一内科の徳臣晴比古である。徳臣は初めて見る避病院をこう書く（徳臣、一九九九・二一―二三頁）。

「そこは水俣川の河口に近い山手で、人家から隔離された伝染病の避病院であった。病院とは名のみの平屋建ての古い瓦葺《かわらぶ》きの長屋で、一・五メートルスパンくらいに仕切られて、入り口には扉はなく、開放されていた。奥の壁側に作り付けの板のベッドには薄いアンペラが一枚敷いてあり、その上に患者は横になっていた。足もとは地面のままで、雑草が所々に顔を出していた。

その土間に一歩足を踏み入れた私は、吹き出していた全身の汗が一瞬凍りつくような殺気に身を縮こませた。

若い婦人であろう。黒髪を振り乱して、頰《ほほ》がこけ、皮膚は灰色をしている。虚空を見つめ、言葉にならない唸《うめ》き声を上げて手足をバタつかせ、のたうち回っている。木製のベッドの端々に体を打ちつけて、皮膚は破れ、血が滲《にじ》んでいる。時々、激しいひきつけが全身を硬直させて潮の如く去ってゆく。

午後の西日が部屋いっぱいに差し込んで室温は四〇度にもなっているだろう、〝これが奇病か〟〝これはただことではない〟。生唾《つば》を飲み込んで目を見張り、慄《りつ》然と私は立ちすくんだ」

公式確認から三カ月経った一九五六年八月一三日のことだ。熊本から水俣までは約一〇〇キロほど。水俣側からすると津奈木、佐敷、赤松という三つの難所、通称三太郎越えが必要だった。

『水俣病の民衆史』（全六巻）を著した岡本達明によれば、水俣は明治以来、コレラ、天然痘、赤痢という具合に伝染病が多い所で、「避病院は明治二三年に設立されるんですが、ここに医者がいるわけではないんですから、ここに入れられたら、もう死にに行くようなもんだというのが住民の中に徹底されていた」という。伊藤は、一九八三年三月一一日の水俣病三次訴訟の証人尋問で、伝染病棟に収容すると、国の補助、県の補助が三分の一ずつとなっており、市の負担も三分の一になる、ということもあるとした上で、「ほかに収容する場所がなかったので、たまたま空いておった伝染病棟にお願いした訳です。方便と言っても差し支えないと思います」と答えている。しかし、当初の井戸の消毒やその後の避病院と呼ばれた伝染病棟への収容などは、伝染性がないことがはっきりした後でも住民に具体的な説明がなかったこともあり、差別などを生む大きな要因の一つとなった。

伊藤は猫実験について、「熊本醫學會雑誌」第31巻補冊第2（昭和32年6月）に、「水俣病の病理學的研究」（第五報）と題する論文で一連の猫実験を論文報告している。副題は「水俣灣内で獲つた魚介類投與による猫の實驗的水俣病發症について」。伊藤は熊本大学医学部病理学教室の研究生でもあったことから、教授武内忠男の指示で実験を行ったと記しており、「結論」では①実験的水俣病発症の最初の成功例②七匹のうち五例で発症③早い例で七日、最も遅いもので四七日で発症―④本実験で水俣病の原因は水俣湾産魚介類摂取によって起こることが実証された―などとしている。

長男の隆一郎が所持する資料では、一九八三年の「熊本大学医学部東京同窓会報」第一号でも「水俣病の概況」として水俣保健所長時代の猫実験などの取り組みを紹介している。

「水俣病」について、と題する一九六二年執筆と思われる原稿では、水俣湾魚介類の水銀量を紹介しているのが目を引く。それによると、「昭和34年度東京教育大のイサキ調査は水銀量（平均値）19・25ｐｐｍ、昭和36年（熊本衛研）のチヌが2・575ｐｐｍ」とある。これについて「昭和34年に比し昭和36年では水銀量が約七分の一に減少していることが患者多発を見ない原因かもしれません」と書いている。この原稿では水銀の分析法など詳細な説明などがないのでこの数字をめぐる評価、比較はできないが、現在の魚介類の暫定規制値（総水銀〇・四ｐｐｍ）からしても大きな値である。しかも、この時点で「患者多発を見ない」としているのも、その後の水俣病の展開を見れば大きな誤りというべきだろうが、当時の伊藤の認識や雰囲気の一端をうかがわせている。この原稿ではさらに「水俣市は熊本県の最南端に位置する新日本窒素工場の設立によって発展して来た人口五万の小都市であり、現に工場の存在によって市の経済は支えられているのですから仲々デリケートな問題もある訳です」と書いており、保健所長としての伊藤の立場の微妙さも感じさせている。

水俣病が確認された一九五六年五月一日は、チッソを中軸とした輸出入の拡大を目指して水俣港が貿易港として開港した日でもある。熊本昭和史年表（熊本日日新聞社）によれば、この日、第一船が仏印（フランス領インドシナ、現在のベトナム）から入港している。水俣病の確認と、チッソが軸になり海外にも開かれようとする水俣港。五月一日という一日からでも、水俣という地域の歴史が分かる。また同年表によれば同じ年の五月の二八日には、敗戦後の日本に進駐、占領していた米軍の中の熊本駐留部隊が撤退することになり、熊本県や熊本市の主催で送別式があり、一二〇〇人の米軍兵士を五万余の県民が拍手で見送ったとある。

伊藤のテープにも出てくる長男の隆一郎にも、保健所での猫実験の印象は強く残っている。隆一郎が水俣一中の一年生の時である。水俣保健所の二階。所長室の隣に会議室があって、その前の部屋を全部つぶして猫を飼ったという。のべ一二〇匹前後、常時五、六匹の猫がいて、保健所の関係者、母親、隆一郎が世話係だった。蓮雄は釣り好きで、自分の船も持っていた。湯堂や茂道の漁師とも仲がよく、漁師がもってきた魚は猫の餌にもなった。

猫は清潔好きで、テープにも出てくるように毎日、砂を取り換え、魚は朝、昼、晩と煮付けにして与えており、煮炊きするのが大変だったという。魚は子どもからもらったものが多かった。場所は百間や明神、湯堂、茂道などで、猫は蓮雄の前任地の人吉など水俣湾の影響をうけていない所からのものだった、という。

隆一郎の話で工場と原因究明の観点から興味深かったのは、のちにチッソ専務となる入江寛二と蓮雄との関係だ。入江と蓮雄は旧制第五高等学校の同級生で、当時水俣にいた入江とはお互いよく行き来していたという。当然のこととして二人の間では、奇病発生や原因究明の進み具合、猫実験の成功も話題になったものと思われる。隆一郎自身も入江の長女と水俣一小の同級生。「水俣市陣内にあったチッソの幹部社宅は東京と直結していて、言葉も東京弁だった」と振り返る。

当時の熊本県の財政状況にも触れておきたい。水俣病事件と直接には関係しないが、テープにも出てくるように財政的に熊本県が置かれた状況は、多方面に影響を与えている。

伊藤のテープにも度々出てくるが、一九五六年の水俣病公式確認から一九五九年の見舞金契約までの期間を熊本県の財政面から見れば、収支が赤字となり、財政再建団体に転落していた期間であった。この期間、熊本県の施策は大きな制限を受け、どうやって再建団体を脱するかに腐心、歳出カットをはじめとしてその対策が最優先となっていた。

熊本県が財政再建団体に指定されたのは、水俣病公式確認に先立つ一カ月前の一九五六年四月一日である。財政再建団体は実質収支の赤字額が一定額を超えた自治体のことで、自治省の管理下に置かれ、起債が制限されるほか、大半の単独公共事業は凍結、再建計画以外の事業はすべて同省の許可が必要になる。

戦後のわが国の財政混乱の影響を引きずっていたことがまずは大きな理由で、一九五六年度に財政再建団体となった府県は熊本県を含め一八府県に上っている。国の財政が悪化し、地方交付税も減少。戦地から引き揚げ者などで人口は増えて、行政の負担は増える一方なのだが、税収は増えないという構造的な要因もあった。さらに熊本の場合は一九五三年に起きた六・二六水害の影響が加わっている。熊本市中心部を流れる白川が氾濫、五〇〇人を超える犠牲者を出した。熊本県財政課が作成した資料では一九五三年度の当初予算額は約五九億円だったが、最終予算額は約一二七億円と、実に当初予算の倍以上に膨れ上がっている。これは以後の県財政の大きな負担となっていく。水害は一九五七年七月にも熊本市近郊の金峰山一帯で発生、二〇〇人近い死者を出した。

財政再建団体としての期間は計画では当初七カ年だったが、結果的には二年前倒しの五年間、一九六〇年度で終了することになる。県の説明では、一九五〇年代後半の神武景気、岩戸景気による税収の伸びがあったほか、県職員の削減、職員の昇格、昇級の延伸、全日制高校の授業料値上げ、物品費の一五％カットのシーリング、投資的事業も七五％に抑えたことなどの結果という。「義務的経費の執行だけをやっている感じで、なえたような気分の中での仕事だった」。当時を知る元県職員の感想である。こうした中で一九六〇年には熊本国体が開催されたが、財政難で国体用のプールや野球場用の土地を新たに購入する費用もなかったことから、国有地である熊本城内に造られ、それがその後の県営城内プール、藤崎台県営野球場となった。

こうした取り組みの結果、「熊本縣史現代編」などによると一九六〇年度決算では一般会計の歳入総額は約二〇三億円、歳出は約一九七億円で約六億円の剰余金を計上、県財政は翌年からの自主財政に戻った。

水俣保健所長だった蓮雄には、熊本県衛生研究所が不知火海一帯で行った毛髪水銀値調査で三八・八ｐｐｍという記録が残っている。採取日は一九六一年一月一〇日。三次訴訟第二陣第一審での証人尋問で、この毛髪水銀値に関し、「先生も大部汚染された魚を食べておられたということですね」という質問に、「はい、そうですね」と答えている（注・5）。

伊藤は前述したように水俣保健所長を終えた後、最後は熊本県の衛生部長（一九六七―七六）となるが、不知火海沿岸住民の健康調査などには終始否定的な態度をとった。

熊本県議会の一九六九年六月定例会（六月一〇日）のやり取りはこうだ。当時の県知事・寺本広作の答弁もあわせてみたい。

質問者は日本社会党の中村晋である。中村は前年の、水俣病の原因はチッソの工場排水とした政府による統一見解を受けて、①補償問題②一斉検診の必要性③認定基準の再検討―をただしている。

寺本は答えている。「原因の究明、毒物の流出防止、いずれももう完全に終了した問題と考えている。（見舞金契約も）非常にいい数字と思っているが、再燃しただけの理由があるので、事情変更の原則を適用して再審査すべきものである。水俣病の審査会の門戸は開放してある」。見舞金契約あっせんの当事者であり、この時点での熊本県政トップの認識であるが、過去の問題としているのが特に目を引く。

続けて衛生部長の伊藤は答えている。日本人の約九〇《パーセント》近くは体内に結核の病変があるが、必ずしも結核の症状は呈していない、として、「不顕性患者の発見は解剖によるもので、臨床所見では困難。一斉検診で患者の発見は、医学上、技術的に難しい。法の裏付けのある結核予防法でも一〇〇《パーセント》検診は困難だ」と一斉検診の困難さを繰り返し強調。そして、一九五六年の最初の患者四人を見た時の話を例に挙げて、「その後も保健婦を動かして、パンフレットも出して、（患者を探したが）一人も出てこなかった。やはり、自分で症状のある人は開業医のところに参りますし、開業医は長年水俣病を診察して、あやしい人は審査会に出すようにしている。知事が申した通り、門戸は開放してある」と答弁。続けて、「審査会の基準というのは特にないわけで、学問的に水俣病という証拠がそろいますことが、すなわち基準です」と語っている。

「（患者が）一人も出てこなかった」などの伊藤の答弁にはやや皮肉もまざっているようにも感じられるが、しかし、寺本や伊藤が答弁で示したような認識は、やがて各種の裁判や川本輝夫らの未認定患者の発掘によって、真正面からの厳しい批判にさらされることになる。何より、「門戸は開放されている」とした認定制度は、患者と名乗ることが難しい現実の前では、救済ではなくむしろ押し込める役割を果たしていた。一斉検診や健康調査の問題はまた別のまとまった検討が必要であるが、いずれにしろこうして歴史をたどると、その時、何をやるべきだったか、あるいは何をしなかったか、が分かる。

注・1　熊本日日新聞、一九九九年五月一日付朝刊
注・2　熊本日日新聞、二〇〇三年八月三一日付朝刊
注・3　熊本日日新聞、二〇一六年二月二八日付朝刊
注・4　水俣病関西訴訟、貝塚俊樹証言　一九八八年五月一六日　第九号証
注・5　水俣病三次訴訟第二陣第一審、熊本地裁一九八八年一〇月六日（『水俣病裁判全史　第二巻責任論』水俣病全国連編、日本評論社）

［参考資料］

①ビデオ「水俣奇病」検証説明書

昭63・10・6、熊本地裁
熊本水俣病第三次訴訟第二陣第一審証拠調より

ビデオ検証説明書

字幕「撮影　伊藤嘉朗」（伊藤蓮雄氏のペンネーム）
字幕「水俣奇病」
・九州の地図
・水俣市のチッソ水俣工場付近の風景
・チッソ水俣工場
字幕「この問題は　昭和三一年五月一日　日窒付属病院の届出に始まる」
「それまでは散発的に発生していたので……さ程注意も惹かなかったが集団的に発生したので急に問題化し保健所へ届出が行われた」

字幕　「調査の結果、初発は昭和二八年一二月と判明」
「この病気の特徴は、先ず口、手足がシビレ出し、四肢の自由を奪われ遂に失明する者も居る」
・男の子の運動障害
・抱かれている女の子、泣き出してしまう。

字幕　「重症の硬直性まひ」
・女の子の足の硬直性まひ
・女の子の手、足の硬直性まひ、よだれを流している。
・寝ている老人、手の硬直性まひ

字幕　「軽快患者の運動障害」
・男の子の運動障害
・少女――手が変形、額、鼻に手をやろうとするがうまくいかない。
・女の子の歩行障害、茶碗で飲む姿、なかなかうまく飲めない。
・女の子が台をまたごうとしているが、うまくまたげない。
・別の少女が茶碗で水を飲もうとしているがうまく飲めない。
・白いスカートの女の子がやっとのおもいで歩く。
・女性――ごはんを食べようとしているがなかなか食べれない。

字幕　「病理解剖所見では、中枢神経が犯された一種の中毒症状である」

「発生が一定地域内にかぎられ」
・水俣湾全景
・水俣湾のアニメ——赤い点は患者の発生地を示す。
字幕「大部分が漁業者であることから」
・海辺、百間港、舟、網
字幕「原因は湾内の魚介類に向けられた」
・海辺
字幕「又、飼猫も多数病死しているが、その症状が人間とよく似ている」
・猫——歩行困難、台から落っこちてしまう。
字幕「病理学的には猫と人間は全く同一である
今日までの研究で魚介類の中毒症と確定はしたが
汚染源については未だ明らかでない
最も疑われるのは工場排水である」
・百間排水路　紫色をした排水
・チッソ工場
・百間港
・百間排水口から排水が流れている。

・アニメ――工場から黒い排液が流れ出している。
・海底の泥土（ドベ）
・ドベを採取している。

字幕「工場→ドベ→魚介→人」
「この関係が証明できるか否か？
研究は尚続けられなければならない」

・袋湾の標柱

字幕「第一編
完
伊藤作品
一九五七」

②水俣市字月浦附近に発生せる小児奇病について　一九五六年五月四日

水俣発第八四一号　昭和三十一年五月四日

熊本県水俣保健所長　㊞

衛生部長殿

水俣市字月浦附近に発生せる小児奇病について

五月一日、水俣日窒附属病院小児科医師よりの通知により月浦附近に発生せる小児奇病について調査す。

一、患者田中静子六才

本年三月末日頃感冒様症状にて軽度の発熱あり、四月十四日前後より手及び足の強直性麻痺症状現はれ、毎夜不眠となり泣き続け、殆ど食餌をとらずヤクルト一日一本位を摂取し、漸次すい弱す。四月二十三日日窒附属病院小児科に入院す。症状は手及び足の強直性また言語発音不明瞭であり、入院以来食餌をとらざるに依り鼻腔より栄養を摂取せしめあり。入院以来殆ど平熱、無欲状態、病院の検査成績、膝蓋反射亢進、バビンスキー反応（+）、ケルニッヒー反応（-）、項部強直なし、脊髄液検査水様透明、パンデー僅々+、細胞数3。

本患者が一番重症である。

二、田中実子三才

姉静子と殆ど同様の症状あるも軽度にして入院せず。

三、田中静子のごく附近の子供

患者松本ふさえ七才の症状（五月二日実母の話）

発病の経過

本年四月五日頃麻疹様病状発疹ありたり、最も熱の高い時三十七度三分位。

四月十一日水俣市袋町市川医院にて受診せし所小児麻痺と云はれる。

四月十六日水俣市立病院小児科にて栄養失調と診断さる。

四月十七日水俣市浮池医院においては脳性まひと云はれる。

四月三十日より日窒附属病院小児科に外来受診中。主なる症状は足及手の強直性まひ症状で進行も徐々である。

なお患者田中静子は現在視力もおとろへ眼前二十cm位の手動は見にくい。眼前五十cm位の手動はかへって見易い。水俣市谷川医師（眼科）視神経萎縮症になるかもしれないと云ふ。

日窒附属病院入院患者田中静子の実母より直接聴取せる患者自宅附近の同類及び類似患者の情報について。

一、本年一月頃より患者宅の猫及び近所の猫が次ぎ次ぎにけいれんを起して死亡す。発病より十日位いして火の中に入ったり水の中に入ったり海中にとび込んで死亡したりする。計五、六匹。

一、田中静子　　自宅の近所

米森さんの子供三人中六才の男子は昨年七月から小児麻痺と云われ現在両手屈曲のまま強直状態である。

一、田中静子隣の江郷下さんの女子七才は、一、二日前より手足が悪く静子と同様の症状にて発病している。

一、近所の人川上千代吉五十五才位、一昨年より足がきかなくなり次に手がきかなくなり口もきかなくなり発狂し現地熊本市の精神病院に入院して居る。

一、同じ近所の山川数清小学三年生、昨年七月頃より水俣市尾田医院にて小児麻痺と云はれ死亡し之を看病した叔父さんも間もなく発病して同様の症状にて死亡した。

患者家族は附近十軒位と同一の井戸水を使用しその井戸附近の者に患者が出てゐるので、その井戸水に何か中毒性の有害物があるのではないかと、七日井戸水を県衛生研究所に検査依頼した。

以　上

編者注＝最後の二行は、七日という日付から見て、原本に後から書き加えられたものと思われる。本書への報告書掲載に当たって地図は略した。

関連年表——事件を刻むために

（8のテーマに関連する項目は太字とした）

一八八九(明治二二)年四月　水俣村制施行（人口一万二〇四〇人）
一九〇六(明治三九)年一月　チッソの創業者**野口遵**が鹿児島県大口に曾木電気設立
一九〇八年八月　水俣に**日本窒素肥料**発足（五〇年に新日本窒素肥料、六五年にチッソと社名変更）
一九二七(昭和二)年五月　朝鮮窒素肥料を設立。以後、興南工場（最大時四万五〇〇〇人）を軸に展開
一九三二年三月　チッソ水俣工場で**アセトアルデヒド**の生産開始。アセチレン有機合成化学工場として発展
一九四一年一一月　水俣工場で塩化ビニール（日本最初）製造開始
一九四五年八月　敗戦で海外資産を全て失い、水俣工場で再出発
一九五四年八月　熊本日日新聞が「水俣市茂道　**猫てんかんで全滅**」と報道
一九五六年五月　原因不明の中枢神経疾患の多発とチッソ付属病院が水俣保健所に届け出。水俣港が貿易港指定
　九月　水俣市が久木野村と合併、人口五万四六一人（この時が人口のピークで、二〇二〇年一〇月一日現在、二万三五五七人）
　一一月　熊本大学研究班が第一回報告会。原因物質として重金属、人への侵入経路は魚介類、汚染源としてチッソ水俣工場の排水が疑われる
一九五七年四月　伊藤蓮雄水俣保健所長の実験で**猫発症**
　九月　熊本県の照会に対し、厚生省が「湾内魚介類のすべてが有毒化した明らかな根拠は

なく、（**食品衛生法**は）適用できない」と回答

一九五七〜五八年　熊本大学研究班から、マンガン、セレン、タリウム説。各教室が独自に競い合う

一九五八年九月　チッソがこれまでの百間港から**排水路を変更**。水俣川河口でも新たな患者

一九五九年七月　熊本大学研究班が「**有機水銀説**」を発表

一〇月　チッソ付属病院の細川一院長がアセトアルデヒド廃水をネコに与える実験で、**四〇〇号**が発症。以後実験が禁止され、工場外には秘密にされた

一一月　不知火海沿岸漁民が総決起大会。二〇〇〇人が工場に押し入り警官隊と衝突。一〇〇人以上が負傷

一一月　水俣病患者家庭互助会が補償を要求し工場前に座り込み。一律三〇〇万円要求

一二月　チッソが**サイクレーター**を設置。チッソと水俣病患者家庭互助会が**見舞金契約**

一九六〇年一〇月　熊本県衛生研究所が不知火海沿岸住民の毛髪水銀調査始める

一九六一年八月　死後の解剖で**胎児性水俣病**を初めて確認

一九六二年四月　チッソ水俣工場で「安賃闘争」が始まる。市を二分する事態に

八月　熊本大学の入鹿山且朗教授が「水俣工場のアセトアルデヒド工程から**塩化メチル水銀を抽出**」と論文発表

一九六五年六月　**新潟水俣病**の発生が公表される

一九六七年六月　新潟水俣病の患者らが昭和電工に損害賠償を求め提訴。新潟水俣病一次訴訟

一九六八年一月　水俣病対策市民会議結成（のち水俣病市民会議、日吉フミコ会長）
九月　政府が水俣病の原因を「チッソのアセトアルデヒド酢酸設備内で生成されたメチル水銀化合物」と統一見解
一九六八年一一月　細川一氏が『文藝春秋』に「今だからいう水俣病の真実」
一九六九年一月　石牟礼道子さんの『苦海浄土　わが水俣病』刊行
四月　水俣病を告発する会発足。水俣病患者家庭互助会、自主交渉派（のち訴訟派）と一任派に分裂
六月　チッソに損害賠償を求め提訴。**水俣病一次訴訟**
川本輝夫氏が潜在患者発掘を始める
一二月　新潟大の白川健一氏らが遅発性水俣病の存在を発表
一九七〇年一一月　患者たちが一株株主としてチッソの**株主総会**に乗り込む
一九七一年七月　環境庁が発足
八月　川本氏らの行政不服審査で、環境庁が熊本県の棄却処分を取り消す裁決。同時に「有機水銀の影響が否定できない場合は認定」と**事務次官通知**
九月　新潟水俣病一次訴訟判決。原告勝訴、昭和電工の責任明示、死者一〇〇〇万円（確定）
一二月　川本氏らがチッソ本社で**自主交渉**を開始

一九七二年六月　浜元二徳氏や坂本しのぶさんが、**国連人間環境会議**の関連イベントに参加するためスウェーデン・ストックホルムに

一九七三年三月　水俣病一次訴訟の**熊本地裁**判決。原告勝訴（確定）。この後、原告団と川本氏らが合流、チッソ東京本社で交渉

五月　熊本大学二次研究班が研究報告を発表。対照地区だった天草郡有明町で水俣病と区別できない患者が見つかり、**第三水俣病**の可能性を指摘

七月　患者とチッソが**補償協定書**を締結。以後、チッソが、認定された患者に一六〇〇〜一八〇〇万円の補償金などを支払うことに

一九七五年八月　熊本県議会公害対策特別委の委員が、環境庁への陳情で「補償金目当てのニセ患者がいる」と発言

一九七七年六月　検察が川本輝夫氏を傷害罪で起訴した「川本事件」で、東京高裁が**公訴棄却**

七月　環境庁が複数症状の組み合わせを求める「**五二年判断条件**」を通知

一九七八年六月　閣議でチッソを金融支援するための**県債**発行を了承

一九八五年八月　二次訴訟で福岡高裁判決。原告が勝訴。判決は五二年判断条件を「厳格に失する」と批判

一九八七年三月　熊本地裁で三次訴訟（第一陣）判決。国、県の責任を認める

一九八八年二月　最高裁でチッソ元社長と元工場長の業務上過失致死傷罪が確定

一九八九年四月　メチル水銀の環境基準を強化しようとした国際化学物質安全性計画（ＩＰＣＳ）に対し、環境庁が反論の研究班を組織していたことが表面化

一九九〇年三月　水俣湾の**ヘドロ処理**作業が終了

九月　東京訴訟で東京地裁が和解勧告（同様の勧告が熊本、福岡、京都の各地裁、福岡高裁で続く）。国は和解拒否

一九九四年五月　吉井正澄水俣市長が水俣病犠牲者慰霊式で謝罪。「**もやい直し**」を提起

一九九五年一二月　**政府解決策**を閣議決定。国賠訴訟は関西訴訟を除いて取り下げ

二〇〇二年九月　熊本学園大学で「水俣学」開講

二〇〇四年一〇月　**最高裁判決**、国と熊本県の責任確定。感覚障害だけで水俣病と認める

二〇〇六年一月　チッソ創立一〇〇周年

二〇〇八年九月　新潟県議会が独自の基準で「新潟水俣病患者」と認めた人に療養手当を支給する条例案を可決

二〇〇九年七月　**水俣病特別措置法**が成立

二〇一一年一月　チッソが事業会社を設立。社名は「ＪＮＣ」

三月　水俣病不知火患者会の集団訴訟が熊本など三地裁で和解成立。水俣病出水の会など非訴訟派三団体とチッソが紛争終結の協定締結。東日本大震災

二〇一二年七月　水俣病特別措置法に基づく未認定患者救済で、熊本など三県が申請受け付けを締め

切る。申請者数は六万五一五一人に

二〇一三年四月　二件の認定義務付け訴訟で**最高裁判決**。感覚障害のみの女性を水俣病と認めた。もう一件は原告女性が逆転敗訴した控訴審判決を破棄、大阪高裁に差し戻す。県はその後、二人の女性を水俣病と認定

二〇一三年一〇月　**水銀に関する水俣条約**採択。天皇皇后両陛下が水俣市を訪問、患者らと面会

二〇一四年八月　水俣病特別措置法に基づく対象が熊本、鹿児島、新潟三県で三万二二四四人

二〇一六年四月　熊本地震、二度にわたり震度七を記録。五月一日の犠牲者慰霊式は一〇月二九日に開催

五月　水俣病公式確認六〇年

一一月　チッソの「久我メモ」が明らかに。チッソ支援のため、「地元がもっと騒ぐように」と政府関係者

二〇一七年二月　胎児性患者らが水俣市で「石川さゆりコンサート」

八月　水銀に関する水俣条約発効

九月　水俣病関西訴訟で勝訴後、患者認定された川上敏行さんが公健法に基づく障害補償を熊本県に求めた訴訟の上告審で、川上さんが逆転敗訴

スイス・ジュネーブで、水俣条約第一回締約国会議。坂本しのぶさんらが参加

一一月　「水俣病展２０１７」が熊本市の熊本県立美術館分館で開催。会期一一月一六日～

一二月一〇日で約九六〇〇人が来館

東京高裁が新潟市から認定されなかった九人を患者と認定するよう命じる判決。新潟市は上告せず確定。感覚障害だけで水俣病と判断

二〇一八年二月　石牟礼道子さん死去、90歳

一〇月　補償協定を結ぶ地位の確認を求めた訴訟で最高裁が原告敗訴の判決。関西訴訟で勝訴した原告がその後県知事の認定を受けたため補償協定の適用を求めたが、チッソが拒否した。一審は原告勝訴、二審は敗訴

一一月　水俣病市民会議会長の日吉フミコさん死去。１０３歳

二〇一九年五月　水俣病犠牲者慰霊式が改元行事に伴い、一〇月に延期

二〇二〇年三月　水俣病被害者互助会の国賠訴訟で福岡高裁は原告八人全員の請求を棄却。原告側が上告

五月　水俣病犠牲者慰霊式が、コロナ禍で中止に

二〇二一年五月　水俣病犠牲者慰霊式が、再度コロナ禍で中止に

七月　環境庁（省）発足50年

九月　ジョニー・デップ製作・主演の「ＭＩＮＡＭＡＴＡ」全国公開。水俣では先行上映も。内容に論議も起きたが、映画を契機に各地で水俣病写真展が開かれた

二〇二二年二月　映画「水俣曼陀羅」（原一男監督、三七二分）が公開（熊本市）

三月　水俣病被害者互助会の国賠訴訟で最高裁が請求を棄却。原告敗訴確定

あとがき

以前、こんな質問を受けたことがある。

胎児性患者のお母さんたちは、東京オリンピックをどんな気持で見ていたのでしょうか、と。アジアで初めての東京オリンピックが開かれた一九六四年という年は、水俣病事件が最も深く水面化に沈んでいた時期である。一九五六年五月に公式確認された水俣病は一九五九年末に、漁業補償、廃水処理施設のサイクレーター完成、チッソと患者家族との見舞金契約締結という三点セットの対策で、水俣病事件は終わった、とされたのだった。そして一九六五年の新潟でのメチル水銀中毒症の確認によって、また社会問題として浮上するのだが、一九六四年はその前年であった。

そしてまた、二回目の東京オリンピックが二〇二〇年に開かれる。この間の何という時間の長さだろうか。

冒頭の質問に関係するが、『報道写真集　水俣病50年』（熊本日日新聞社）に一枚の写真が収められている。タイトルは「五輪マーク（1964年4月）」。写真説明には、当時八歳の胎児性患者・金子雄二さんが書いた五輪マーク、とある。子どもたちにとって東京五輪はやはり関心が高かったのだろう。〇というより、ひし形や崩れた円の四つが輪を作り、一つは輪から外れた、そんな五輪マークである。その金子さんも還暦を過ぎた。

事件の語り部たちも次世代の時代に入りつつあるが、事件が問うている本質は未解決のままだ。この長い間、私たちは事件から何を学んできたのであろうか。水俣病事件はこれまで何度も「終わった」とされてきた。しかし、そうはならなかった。それは第一には被害者たちが事件の核心を訴え続けてきたことがある。加えて、多くの人が事件の意味を考え、伝え続けてきたこともあろう。

そんな一人が石牟礼道子さんだったが、その石牟礼さんは本書の編集作業中の二〇一八年二月一〇日、亡くなった。九〇歳だった。晩年はパーキンソン病を患い、熊本市の介護施設で暮らしていた。水俣病事件史と自身の歩みを重ねるようにして書き続けた作品群が事件を伝えていくことだろう。

本書の出版では弦書房の小野静男社長に構想の段階から実務的で的確なアドバイスをいただいた。感謝したい。

本書の刊行にあたって科学研究費（研究課題番号16H01970、研究代表者・慶田勝彦）から出版費用の助成を受けたことを付記する。

二〇一八年五月

高峰　武

参考文献（発行年順で並べた）

石牟礼道子『苦海浄土　わが水俣病』講談社、一九六九年
石牟礼道子編『水俣病闘争　わが死民』現代評論社、一九七二年（新版、創土社、二〇〇五年）
水俣病研究会『認定制度への挑戦』水俣病告発する会、一九七二年
熊大医学部10年後の水俣病研究班『報告書　10年後の水俣病に関する疫学的、臨床医学的ならびに病理学的研究（初年度）』一九七二年
熊大医学部10年後の水俣病研究班『報告書　10年後の水俣病に関する疫学的、臨床医学的ならびに病理学的研究（第二年度）』一九七三年
有馬澄雄「細川一論ノート」季刊『暗河』一九七三年二号、一九七四年五号、一九七五年九号
季刊『暗河』2　一九七四年
財団法人日本公衆衛生協会『環境保健レポート』第三二号、一九七四年
寺本広作『ある官僚の生涯』制作センター、一九七六年
有馬澄雄編『水俣病――20年の研究と今日の課題』青林舎、一九七九年
社団法人水俣市芦北郡医師会『水俣市芦北郡医師会史』、一九八二年
椿忠雄『神経学とともに歩んだ道』第1集、一九八八年
NHK取材班『戦後50年その時日本は』第三巻「チッソ・水俣、工場技術者たちの告白」NHK出版、一九九五年
富樫貞夫『水俣病事件と法』石風社、一九九五年
原田正純『裁かれるのは誰か』世織書房、一九九五年
水俣病研究会『水俣病事件資料集上、下』葦書房、一九九六年
宮澤信雄『水俣病事件四十年』葦書房、一九九七年
徳臣晴比古『水俣病日記』熊日情報文化センター、一九九九年
橋本道夫編集『水俣病の悲劇を繰り返さないために』中央法規出版、二〇〇〇年
原田正純・花田昌宣編『水俣学講義』第一集～第五集、日本評論社、二〇〇四年～二〇一二年

熊本日日新聞社編集局編『報道写真集　水俣病50年』熊本日日新聞社、二〇〇六年
川本輝夫著、久保田好生他編『水俣病誌』世織書房、二〇〇六年
矢吹紀人『水俣　胎児との約束──医師板井八重子が受け取ったいのちのメッセージ』大月書店、二〇〇六年
本田啓吉先生遺稿・追悼文集刊行委員会『本田啓吉先生遺稿・追悼文集』創想社、二〇〇七年
井芹道一『Ｍｉｎａｍａｔａに学ぶ海外──水銀削減』成文堂、二〇〇八年
熊本学園大学水俣学研究センター『水俣学研究資料叢書3　復刻水俣病論文三部作１９６３─１９６４年』二〇〇九年
熊本学園大学水俣学研究センター『新日本窒素労働組合60年の軌跡』二〇〇九年
原田正純『宝子たち　胎児性水俣病に学んだ50年』弦書房、二〇〇九年
チッソ株式会社『風雪の百年』チッソ株式会社史・ＤＮＰ年史センター、二〇一一年
熊本学園大学水俣学研究センター・熊本日日新聞社編『原田正純追悼集　この道を──水俣から』熊本日日新聞社、二〇一二年
渡辺京二『もうひとつのこの世──石牟礼道子の宇宙』弦書房、二〇一三年
入口紀男「北太平洋はメチル水銀濃度が初期の水俣湾に近い──現在の日本全域への警告」熊本大学水俣病学術資料調査研究推進室・参考資料（二〇一四）http://www.geocities.jp/flowercities/minamata/com06.html
岡本達明『水俣病の民衆史』第一巻～第六巻、日本評論社、二〇一五年
下地明友『〈病い〉のスペクトル　精神医学と人類学の遭遇』金剛出版、二〇一五年
入口紀男『聖バーソロミュー病院一八六五年の症候群』自由塾、二〇一六年
花田昌宣・久保田好生編『いま何が問われているか』くんぷる、二〇一七年
富樫貞夫『〈水俣病〉事件の61年──未解明の現実を見すえて』弦書房、二〇一七年
山本義隆『近代日本一五〇年──科学技術総力戦体制の破綻』岩波新書、二〇一八年

著者略歴

高峰　武（たかみね・たけし）

一九五二年生まれ、熊本県玉名市天水町出身。

早稲田大学第一文学部仏文科卒。一九七六年、熊本日日新聞社入社。編集局長、論説委員長、論説主幹を経て二〇一七年七月から論説顧問。

著書・共著に『ルポ精神医療』（日本評論社）、『完全版　検証・免田事件』（現代人文社）、『検証ハンセン病史』（河出書房新社）、岩波ブックレット『水俣病を知っていますか』、『熊本地震２０１６の記憶』（弦書房）。『生き直す　免田栄という軌跡』（弦書房）

8《はち》のテーマで読《よ》む水俣病《みなまたびょう》

二〇一八年　五　月三十日第一刷発行
二〇二三年　五　月三十日第二刷発行

編著者　高峰　武
発行者　小野静男
発行所　株式会社　弦書房
〒810-0041
福岡市中央区大名二―二―四三
ELK大名ビル三〇一
電　話　〇九二・七二六・九八八五
FAX　〇九二・七二六・九八八六

印刷・製本　シナノ書籍印刷株式会社

ISBN978-4-86329-170-6 C0036

◆弦書房の本

〈水俣病〉事件の61年
未解明の現実を見すえて

富樫貞夫　水俣病が公式に確認されてから二〇一七年で61年がたつ。しかし、水俣病はその大半が未解明のままなのである。近代の進歩と引きかえに生じたこの事件から何を学ぶべきか。未解明の問題点をまとめた次代への講義録。〈Ａ５判・２４０頁〉**２２００円**

もうひとつのこの世
石牟礼道子の宇宙

渡辺京二　〈石牟礼文学〉の特異な独創性が渡辺京二によって発見されて半世紀。互いに触発される日々の中から生まれた〈石牟礼道子論〉を集成。石牟礼文学の豊かさときわだつ特異性を著者独自の視点から明快に解きあかす。〈四六判・２３２頁〉**【２刷】２２００円**

なぜ水俣病は解決できないのか

東島大　公式確認より半世紀が過ぎても未だ解決をみない水俣病事件の経緯と現在の問題点を、患者・支援者・研究者・官僚・チッソ幹部等の証言と、チッソ分社化、特措法を含む最新の情報で伝える入門書。用語集・年表付。〈Ａ５判・２８０頁〉**２１００円**

ここすぎて 水の径

石牟礼道子　著者が66歳（一九九三年）から74歳（二〇〇一年）の円熟期に書かれた長期連載エッセイをまとめた一冊。後に『苦海浄土』『天湖』『アニマの鳥』など数々の名作を生んだ著者の思想と行動の源流へと誘う珠玉のエッセイ47篇。〈四六判・３２０頁〉**２４００円**

死民と日常　私の水俣病闘争

渡辺京二　昭和44年、いかなる支援も受けられず孤立した患者家族らと立ち上がり、〈闘争〉を支援することに徹した著者による初の闘争論集。患者たちはチッソに対して何を求めたのか。市民運動とは一線を画した〈闘争〉の本質を改めて語る。〈四六判・２８８頁〉**２３００円**

熊本地震２０１６の記憶

岩岡中正・高峰武［編］　二度の震度7と四〇〇〇回超の余震。衝撃と被害を整理し、その体験と想いを収録。渡辺京二氏ほか古書店主、新聞記者、俳人、漁師、歴史家各々が〈その時〉を刻む。復興への希望は記録と記憶の中にある。〈Ａ５判・１６８頁〉**【２刷】１８００円**

【新編】荒野に立つ虹

渡辺京二　この文明の大転換期を乗り越えていくうえで、二つの課題と対峙した思索の書。近代の起源は人類史のどの地点にあるのか。極相に達した現代文明をどう見極めればよいのか。本書の中にその希望の虹がある。〈四六判・４４０頁〉**２７００円**

かくれキリシタンの起源　信仰と信者の実相

中園成生　現在も継承される信仰の全容を明らかにし、長年の「かくれキリシタン」論争に終止符を打つ。なぜ二五〇年にわたる禁教時代に耐えられたのか。従来のイメージをくつがえし、四〇〇年間変わらず継承された信仰の実像に迫る。〈Ａ５判・５０４頁〉**４０００円**

＊表示価格は税別